新工科建设之路·软件工程规划教材

Java EE 企业级应用技术

姜志强　编著

電子工業出版社
Publishing House of Electronics Industry
北京·BEIJING

内 容 简 介

本书是一本讲授 Java EE 企业级应用技术的基本概念、基本框架和程序设计基本方法的教材。

全书共 8 章，第 1 章介绍 Java EE 企业级应用的基本知识和基本概念、企业级应用与中间件技术、Java EE 体系架构的基本模式；第 2 章详细讲解 Java Server Faces 框架的主要概念、主要组件和主要技术构成；第 3 章讲解上下文、资源注入和依赖注入的概念；第 4 章讲解 Java EE 体系中的核心内容之一企业 Bean 的基本概念，包括有状态会话 Bean、无状态会话 Bean、单身会话 Bean、消息服务与消息驱动 Bean 等几种企业 Bean 类型；第 5 章专门介绍 Java 持久性与事务的相关概念和知识；第 6 章介绍 Web 服务及相关的基本概念，包括用 JAX-WS 技术构建 Web 服务和用 JAX-RS 技术构建 RESTful Web 服务；第 7 章简要讨论安全性的基本概念；第 8 章简单介绍 Java 消息服务和 Java EE 拦截器技术。

本书以 Java EE 5、Java EE 6、Java EE 7 技术规范为蓝本，重点介绍 B/S 体系结构模式下多层应用体系结构的最新开发技术——JSF+EJB+JPA 技术组合的使用和开发。

本书适合作为普通高等院校计算机科学与技术、软件工程及相关专业课程的教材，也可供其他专业的本科生、研究生及各级计算机专业技术人员参考使用。

图书在版编目（CIP）数据

Java EE 企业级应用技术/姜志强编著. —北京：电子工业出版社，2019.1

ISBN 978-7-121-34444-2

Ⅰ. ①J… Ⅱ. ①姜… Ⅲ. ①JAVA 语言－程序设计－高等学校－教材 Ⅳ. ①TP312.8

中国版本图书馆 CIP 数据核字（2018）第 124264 号

策划编辑：章海涛
责任编辑：底 波
印　　刷：三河市君旺印务有限公司
装　　订：三河市君旺印务有限公司
出版发行：电子工业出版社
　　　　　北京市海淀区万寿路 173 信箱　邮编：100036
开　　本：787×1092　1/16　印张：12　字数：307.2 千字
版　　次：2019 年 1 月第 1 版
印　　次：2019 年 1 月第 1 次印刷
定　　价：39.00 元

凡所购买电子工业出版社图书有缺损问题，请向购买书店调换。若书店售缺，请与本社发行部联系，联系及邮购电话：（010）88254888，88258888。

质量投诉请发邮件至 zlts@phei.com.cn，盗版侵权举报请发邮件至 dbqq@phei.com.cn。

本书咨询联系方式：192910558（QQ 群）。

前　言

Java 语言自从 1995 年发布，至今已经有 20 多年的发展历程，早已成为重要的软件开发工具，成为信息行业占有率很高的开发设计平台。Java 平台分为标准版（Java SE）、企业版（Java EE）和微型版（Java ME）。实际上，Java 语言和 Java 技术如此高的市场占有率，绝大部分缘于其企业版的市场占有率。可以说，真正占有信息行业市场的，是其企业开发设计平台。

Java 企业级开发技术自 1999 年 Java 1.2 版发布至今，已经成为一种专门为互联网设计的与平台无关的网络分布式开发设计技术，广泛应用于各种信息平台的开发设计，既是一种开发工具，也是一种企业级技术标准。在电信、移动技术、银行、证券、电子商务等领域，都是主流的开发设计技术，在开发设计中占优势和主导地位。目前大部分的大型信息化平台都选择 Java 企业级技术来构建。Java EE 技术的发展经历了两个明显的历史发展阶段。第一阶段是 1999 年的 J2EE 1.2 版到 2003 年的 J2EE 1.4 版，其主干技术框架为 JSP、Servlet、EJB、JDBC，同时还有第三方的框架产品 Struts、Spring、Hibernate 可以作为辅助开发框架；第二阶段是 2006 年的 Java EE 5 版到 2013 年的 Java EE 7 版，其主干技术框架为 JSF、EJB、JPA，其中吸收了很多第三方产品的设计理念和技术内容。早期的 JSP、Servlet、EJB、JDBC 是一套已经十分成熟的架构，业内的资料也十分丰富；而采用了JSF、EJB、JPA 技术规范组合的内容却是能够真正反映 Java 技术的最新成就的内容。

本书的主旨就是介绍 JSF、EJB、JPA 等技术规范及其组合，讲授新的技术框架。

吉林大学软件学院是国家首批“国家级示范性软件学院”，自 2003 年开始招收全日制本科生，从 2003 年第一届学生开始，就开设了讲授 Java 企业级技术的课程。2013 年，该学院的“软件工程”专业被正式列入《卓越工程师教育培养计划第三批学科专业名单》的本科专业目录。为深入贯彻落实国家卓越工程师教育培养计划，该学院专门成立“软件工程师卓越班”，每年单独选拔招收学生 30 名左右，并为这个教学班单独设立教学计划，在软件工程专业正常教学内容的基础上，课程的侧重点力求能够更倾向于教育部和中国工程院专门制定的《卓越工程师教育培养计划通用标准》中所要求的要点。“Java EE 企业级应用技术”课程被列入“软件工程师卓越班”的教学计划，作为一门专业必修课，也是该学院重点建设的一门理论联系实际性质的专业课。2016 年《Java EE 企业级应用技术》教材建设被列入“吉林大学本科‘十三五’规划教材”建设计划。

本书的内容是近十几年课程教学过程的积累，也是近几年对 Java EE 企业级技术的消化和学习的结果。实际上课程的教学内容随着 Java 技术的不断发展，也经过了几次调整，更新了很多内容，既有摒弃，也有积淀。本书主要介绍 Java EE 第 5 版到第 7 版的主要体系框架，力求能够反映其中的基本概念、基本思想、基本框架。由于 Java EE 是一个庞大的技术体系，无法面面俱到地介绍，因此在内容上尽量以 JSF、EJB、JPA 技术为重点，力图使学生经过教学过程之后能够掌握最基本的框架，对 Internet 环境下的分布式系统开发和 Java EE 平台有一个基本的理解。

本书建议理论授课学时为 32 学时，建议实践教学学时为 16 学时，具体的学时分配数在每章都会给出，可以根据教学侧重点进行增减。实践教学环节的题目和内容设置，任课教师可以根据学生的技术水平灵活掌握。

在本书即将付梓之际，我要感谢吉林大学对本书的大力支持，在“十三五”规划教材申报和答辩过程中，学校专家组的专家们对我和本书的鼓励和肯定依然使我记忆犹新。我想用这本书告慰逝去的父亲，父亲对儿子的殷切期望是我克服写作过程中的怠惰情绪、克服心智和体力上的困苦与疲惫、完成写作的重要动力。能够在父亲离世三周年之前完成此书，了却了我的心愿。这也是我继 2007 年出版《Java 语言程序设计》之后，再一次用自己的劳动成果向父亲汇报。我还要把这本书作为礼物送给我的女儿，希望父女之间互相鼓励、共同进步，彼此践行承诺。

在本书的最后一个字符录入完成之际，我知道，出版社的编辑们及各个环节的工作人员就要开始辛苦忙碌了。没有他们的辛勤付出，没有他们高质量和卓有成效的工作，一本书的出版是不可能的。与他们合作的过程，也是我与他们分享工作乐趣的过程。

由于时间仓促，加之水平有限，对于新技术规范的理解和消化也还不够透彻，书中难免存在一些缺点和错误，恳请专家和读者批评指正。

姜志强

于吉林大学

目　录

第 1 章　Java EE 企业级应用概述

本章主要内容：Java EE 企业级应用技术是目前分布式应用的主流开发技术。本章从企业级应用的概念开始，逐步介绍企业级应用与中间件技术，在此基础上介绍 Web 应用的发展历程，从而引入 Java EE 技术。接着介绍 Java EE 企业级应用技术的发展、Java EE 体系架构的基本模式、Java EE 的组件与容器、Java EE 体系架构的优越性，简单介绍几款主要的 Java EE 产品，最后介绍用 Java SE 平台、GlassFish 服务器和 NetBeans IDE 构建 Java EE 企业级应用环境的基本操作步骤。

建议讲授课时数：4 课时。

1.1　企业级应用与中间件

1.1.1　什么是企业级应用

企业级应用的含义并非是为某一个企业所开发的应用程序，而是指为政府、组织、大型企业或机构创建和开发的规模比较大的、运行于局域网或广域网的应用程序。通常，企业级应用具备以下一些特点。

（1）分布式。因为使用用户数量和方式的缘故，企业级应用程序往往是运行在网络环境下的，或者运行于局域网，或者运行于广域的 Internet，把分布于一个范围内，乃至世界各地的用户连接到一起。

（2）快速反应。当今社会飞速发展，能够反映社会状况的数据和运行规则在不断地发生着变化。企业级应用的数据和功能要能够根据社会的变化，随时发生更新和改动。

（3）安全性。软件系统对于用户和企业而言越来越重要，它的正常运行对于政府、组织、企业或机构及所有用户而言，其重要性不言而喻，所以其运行代码和运行所使用的数据的安全性必须是有保障的。

（4）可扩展性。为了适应日益发展的管理、商务等社会需求，以及用户数量的不断增加，企业级应用软件系统的性能和数据存储能力，以及软件的功能必须是可扩展的。

1.1.2　当今的计算机应用环境

经历了 70 多年的发展历程，计算机系统已经成为社会生活中不可或缺的重要技术和支撑平台。计算机处理器的运算速度越来越快，处理能力越来越强，软件的种类越来越多，应用软件的规模越来越大。当今的计算机技术与计算机应用呈现以下几个明显的特点。

（1）硬件系统平台多种多样。从日常生活中经常见到的 PC，到为某些专门领域和应用而设计的工作站、小型机，为了大规模的数据处理和数值计算而研制的大型超级计算机，再到以苹果公司的 iPhone、iPad 等为代表的移动设备，各种计算机硬件产品琳琅满目。这些产品的体系结构不同，指令集不同，使用目的不同，生产厂商不同，互相之间几乎都不兼容。

（2）系统软件平台“群雄割据”。PC、工作站、小型机、大型超级计算机和移动设备的操作系统不同，数据库服务器不同，编程语言不同，开发工具不同，互相之间几乎也都不兼容。

（3）网络协议和网络体系结构尚未统一。尽管到目前为止，TCP/IP 占据主导地位，但是距离社会实际需求的统一和集成的网络系统的目标依然相差甚远。

（4）当今所处的时代是一个信息化的时代，信息化已经进入了 Internet 时代，计算机技术和各种信息化技术已经深入社会生活的各个领域，信息技术几乎无处不在。

1.1.3 Internet 时代计算机应用的主要矛盾

Internet 时代，WWW 的发展和需求增长异常迅猛，软件的运行平台要求高度统一到“分布式”“异构”的 Internet 平台上来，高度统一的 Internet 平台与多种多样的软件、硬件平台的矛盾是一个重要问题。已有软件的集成和新软件的开发成为一个发展瓶颈，“软件危机”的说法早在 20 世纪 60 年代就已经被人们提出来了。采用怎样的方式才能将已有的这些系统集成起来，并且能够保持良好的运行是一个十分现实而又十分困难的事情。解决这种现实问题的措施必须是为 Internet 平台和 WWW 应用服务的，必须是在现有的硬件条件下实现的，必须是在现有的操作系统条件下实现的，必须充分考虑到以往已有的数量庞大的软件产品的再利用问题，必须考虑到今后进行软件开发设计过程中的成本问题和开发便捷性问题。

1.1.4 中间件的概念

鉴于这种日益增长的软件需求和 Internet 时代应用系统开发所面对的实际问题，计算机界内的有识之士提出了中间件的概念。中间件的概念是自“软件危机”以来，继“面向对象的程序设计”概念提出之后，软件开发手段的又一次变革。

什么是中间件？中间件（Middleware）是基础软件的一大类，属于可复用软件的范畴。“中间”指的是其处于操作系统软件、网络、数据库之上，应用软件之下，总的作用是为处于其上层的应用软件提供运行与开发的环境。通过中间件，应用程序可以工作于多种硬件平台和操作系统环境。

一个普遍被接受的定义是 IDC（International Data Corporation，国际数据公司）给出的：“中间件是一种独立的系统软件或服务程序，分布式应用软件借助这种软件在不同的技术之间共享资源，中间件位于客户机/服务器的操作系统之上，管理计算资源和网络通信。”这个对于中间件概念的阐述明确指出了中间件是一类软件而不是某一种软件，其作用是在系统软件和应用软件之间实现连接，实现通过不同的接口共享资源。

中间件具有以下几个特征：（1）独立于系统，满足大量应用的需要；（2）用于分布式环境，支持分布式计算；（3）运行于多种硬件和操作系统平台，具有网络通信功能，提供网络、硬件、操作系统的透明性的交互功能，可以实现应用之间的互操作；（4）支持标准的协议，支持标准的接口；（5）本身是开发平台，可以在其上进一步开发应用程序系统。

中间件的优越性主要表现在以下一些地方：（1）在应用开发方面，通常可以节省 25%～

60%的应用开发费用，如果配合使用商用构件，最多可节省80%的开发费用；（2）在系统运行过程中，可节省50%的初期资金和运行费用；（3）开发周期，使用标准的商业中间件可缩短开发周期50%～75%；（4）在项目开发上可以有效减少项目开发风险，失败率低；（5）合理运用资金，利用中间件可以将原有的系统“改头换面”，增加功能模块，成为Internet/Intranet系统，有效地保护已有的软件资源；（6）应用集成，标准化的中间件可以集成现有的应用、新的应用和新购买的商用构件；（7）系统维护，中间件的开发代价高，但购买商业中间件只需付出产品价格的15%～25%的维护费，从而降低维护费用，具体费用要看供应商的价格和购买数量；（8）质量，标准中间件在接口方面应该是清晰和规范的，能够有效地保证应用系统的质量；（9）技术革新，标准的商业中间件厂商应责无旁贷地把握技术方向和技术革新，因此在软件的革新和升级方面，中间件可以做得更好；（10）增加产品吸引力，不同的商业中间件提供不同的功能模块，合理使用，可使应用软件“流光溢彩”；（11）优化软件开发，开放的中间件标准可以让更多的厂商和个人中间件开发者加入，有利于软件开发的优化。

采用中间件技术可以促进软件标准化，简化最终开发，保护已有投资，稳定应用环境，集成和协调应用软件。执行中间件的一个关键途径是信息传递。

对于中间件的类型划分尚无一个明确的标准，通常按照中间件的作用，大致可以将中间件分为两大类：把支持单个的应用系统或解决一类问题的中间件称为底层中间件，一般包括交易中间件、应用服务器、消息中间件、数据访问中间件；把用于与各种应用系统关联、完成系统整合的中间件称为高层中间件，一般包括企业应用集成中间件、工作流中间件、门户中间件等。

目前，中间件技术已成为大数据、云计算等应用的必不可少的工具。

1.1.5 中间件的发展

中间件的迅猛发展是最近几年的事情，但是与很多人的想象不同，中间件的理论概念出现于20世纪70年代，产品也很早就有了。一般将诞生于1983年、由AT&T公司的Bell实验室开发的Tuxedo系统作为中间件的诞生标志。Tuxedo解决了分布式交易事务控制问题，开始成为网络应用的基础设施，这是最早的交易中间件。Tuxedo系统被Novell公司从AT&T公司随着UNIX系统一起买走，后来它又被卖给了BEA公司，随着BEA公司被Oracle公司收购，Tuxedo系统现在已经归于Oracle公司旗下。

1993年，IBM公司发布了消息队列服务MQ系列产品，解决了分布式系统异步、可靠、传输的通信服务问题，消息中间件正式诞生。这个产品也是比较有代表性的中间件产品。

1995年，Java语言面世，它提供了跨平台的通用的网络应用服务，成为今天中间件的核心技术。Java是第一个天生的网络应用平台，特别是J2EE发布以来，Java从一个编程语言演变为网络应用架构，成为应用服务平台的事实标准和应用服务器中间件，成为中间件技术的集大成者，也成为事实上的中间件的核心。

2002年，Microsoft公司发布.NET，加入中间件的市场竞争。由于.NET还不是一个完全开放的技术体系，所以其竞争力还有待市场的进一步确认。

围绕着中间件，Apache组织、IBM公司、Oracle（BEA）公司、Microsoft公司各自发展了较为完整的软件产品体系。中间件技术创建在对应用软件部分常用功能的抽象上，将常用且重要的过程调用、分布式组件、消息队列、事务、安全、连接器、商业流程、网络并发、HTTP 服务器、Web 服务等功能集于一身，或者在不同品牌的不同产品中分别完成。一般认为在商业中间件及信息化市场上主要存在 Java 阵营、Microsoft 阵营、开源阵营。阵营的区分主要体现在对下层操作系统的选择及对上层组件标准的制定上。目前主流商业操作系统主要来自 UNIX、苹果公司和 Linux 的系统及 Microsoft 公司的 Windows 系列。Java 阵营的主要技术提供商来自 IBM 公司、Sun 公司（已被 Oracle 收购）、Oracle 公司、BEA 公司（已被 Oracle 收购）及其合作伙伴。Microsoft 阵营的主要技术提供商来自 Microsoft 公司及其商业伙伴，开源阵营则主要来自如 Apache、SourceForge 等组织的共享代码。

2000 年前后，中国国内的软件行业也看到了中间件技术产品巨大的市场价值，已有公司和机构加入了中间件技术的行列中。其中比较有代表性的包括深圳金蝶（Kingdee）国际软件集团（香港联交所主板上市公司，股票代码：0268）、山东浪潮电子信息产业股份有限公司（深圳证券交易所上市公司，股票代码：000977）等。

1.2 Web 应用的发展

1.2.1 静态网页技术

Web 应用是 Internet 技术出现之后发展的一种新的应用技术。最初的 Web 应用只是一个一个的站点（Website），其中包含很多网页。用户在使用这些站点时无须安装任何专用程序，可以直接使用网络浏览器来访问网络服务器，打开网络服务器上面存储的页面，实现信息浏览。这些页面就是静态网页。

静态网页一般都没有后台数据库，没有可执行代码，没有交互内容，其内容通常都是固定的，任何用户登录服务器看到的页面内容都是一样的。绝大部分静态网页都是采用 HTML 格式的文本文件写成的，或者是采用与 HTML 文本兼容的格式写成的，如 XHTML、XML 等。

HTML（HyperText Markup Language，超文本标记语言）是由 HTML 命令组成的描述文本，可以用来说明网页页面所包含的文字、图形、动画、声音、表格、超链接等被网络浏览器解析再现的内容。HTML 技术出现之后，其技术内容迅速增加，所包含的命令内容迅速扩张，形成了一整套技术规范和技术标准。

JavaScript 是一种基于对象和事件驱动并具有相对安全性的客户端脚本语言，同时也是一种广泛用于客户端 Web 开发的脚本语言，常用来给 HTML 网页添加动态功能，如响应用户的各种操作。完整的 JavaScript 实现包含三部分：ECMAScript、文档对象模型、字节顺序记号。JavaScript 就是为适应动态网页制作的需要而诞生的一种新的编程语言，JavaScript 的出现使得网页页面能够具有交互性。在 HTML 基础上，使用 JavaScript 可以开发交互式 Web 网页。JavaScript 的出现使得网页和用户之间实现了一种实时性的、动态的、交互性的关系，使网页包含更多活跃的元素和更加精彩的内容。

还有一种叫作 CSS（Cascading Style Sheets，层叠样式表）的技术可以让网站管理员为 HTML 文档或 XML 应用等结构化文档添加字体、间距和颜色等样式的标记性语言，这也是在网页维护和使用中经常用到的。

1.2.2 动态网页技术

静态网页由于其先天不足，大大限制了 Web 应用的使用和发展，Internet 技术的普及和发展使得越来越多的应用程序有必要转到 Web 上面去，于是克服了静态网页技术不足的动态网页技术就应运而生了。最早出现的动态网页技术是 CGI，而热门的动态网页开发技术是 ASP、JSP、PHP 三种。

CGI（Common Gateway Interface，通用网关接口）是一段部署和运行在服务器上的程序，提供同客户端 HTML 页面的接口。绝大多数的 CGI 程序被用来解释、处理来自表单的输入信息，并且在服务器产生相应的处理，或者将相应的信息反馈给浏览器。CGI 程序使网页具有交互功能。CGI 带来的好处是弥补了 HTML 的不足，提供许多 HTML 无法做到的功能，让 Web 页面浏览者与服务器进行交互。但由于 CGI 应用程序运行在浏览器可以请求的服务器系统上，执行时需要占用服务器 CPU 的运算时间和内存，如果有成千上万的这种程序同时运行，会对服务器系统的运算性能提出极高的要求，服务器系统存在崩溃的风险。

ASP、JSP、PHP 三种动态网页开发技术则是在 CGI 的基础上出现的，这三种技术都改进了 CGI 的先天不足，成为流行至今的动态网页开发技术。ASP、JSP、PHP 三种动态网页开发技术都可以很容易地实现对数据库服务器的连接和访问。

ASP（Active Server Pages，动态服务器页面）是 Microsoft 公司开发的代替 CGI 脚本程序的一种应用，它可以与数据库和其他程序进行交互，是一种简单、方便的编程工具。ASP 的网页文件的格式是“.asp”，是一种服务器端脚本编写环境，可以用来创建和运行动态网页或 Web 应用程序。ASP 网页可以包含 HTML 标记、普通文本、脚本命令及 COM（Component Object Model，组件对象模型）组件等。利用 ASP 可以向网页中添加在线表单等交互式内容，也可以创建使用 HTML 网页作为用户界面的 Web 应用程序。利用 ASP 可以突破静态网页的一些功能限制，实现动态网页技术，同时由于 ASP 文件是包含在 HTML 代码所组成的文件中的，易于修改和测试。服务器上的 ASP 解释程序会在服务器端执行 ASP 程序，并将结果以 HTML 格式传送到客户端浏览器上，因此使用各种浏览器都可以正常浏览 ASP 生成的网页。ASP 的一个缺陷是只能在 Microsoft 的操作系统环境下运行。ASP 技术的后继者 ASP.NET 已经于 2002 年面世。

JSP（JavaServer Pages，Java 服务器页面）是由 Sun 公司及其合作伙伴共同参与建立的一种动态网页技术标准。JSP 技术有些类似于 ASP 技术，它是在传统的网页 HTML 文件中插入 Java 程序段和 JSP 标记，从而形成 JSP 网页文件，格式是“.jsp”。JSP 也具有与 ASP 相似的优点，也可以生成使用各种浏览器都可以正常浏览的网页。用 JSP 开发的 Web 应用是跨平台的，能在多种操作系统上运行。与传统的 CGI 方式相比，JSP 的后台实现逻辑是基于 Java 组件的，并且将应用逻辑与页面表现分离，使得应用逻辑能够最大程度得到复用，从而进一步提高了开发效率。由于 JSP 的后台是完全基于 Java 技术的，所以其安全性由 Java 的安全机制予以保障。

PHP（Personal Home Page）这个名称已经正式更名为 Hypertext Preprocessor，即超文本预处理器，由 Rasmus Lerdorf 创建于 1994 年，语言的风格有些类似于 C 语言，被广泛地运用在开发各种中小型网站上。PHP 独特的语法混合了 C、Java、Perl 及 PHP 自创的新的语法，它可以比 CGI 或 Perl 更快速地执行动态网页。PHP 将程序嵌入 HTML 文档中去执行，用 PHP 做出的动态页面执行效率比完全生成 HTML 标记的 CGI 要高许多；PHP 还可以执行编译后代码，编译可以加密和优化代码运行，使代码运行更快。PHP 具有非常强大的功能，所有 CGI 的功能 PHP 都能实现，而且 PHP 支持几乎所有流行的数据库及操作系统。最重要的是 PHP 可以用 C、C++进行程序的扩展。由于 PHP 具有开放的源代码，本身又是免费的，相对其他语言来说，编辑简单，实用性强，程序开发快，运行快，技术本身学习快，所以更适合初学者。由于在运行过程中 PHP 消耗的系统资源相当少，因此近年来被广泛地运用在规模不大、功能不强、访问量不太大的小型网站上，很多使用其他技术开发的小型网站都改用 PHP 技术，这使得 PHP 的市场占有率在最近几年有所上升。

1.2.3 C/S 体系结构模式与 B/S 体系结构模式

在计算机网络应用程序连接模式中，早期比较常用的为 C/S（Client/Server，客户机/服务器）体系结构模式，把运行客户程序的机器称为“客户机”（Client），把运行服务器程序的机器称为“服务器”（Server）。一般也将 C/S 体系结构模式称为二层结构。C/S 体系结构模式可以充分利用两端硬件环境的优势，将任务合理分配到 Client 端和 Server 端来实现，降低了系统的通信开销。C/S 结构的优点是能充分发挥客户端 PC 的处理能力，很多工作可以在客户端处理后再提交给服务器，客户端的响应速度快。但其在运行使用过程中也有明显的劣势，就是较高的运行成本和客户端软件升级成本。尤其是在计算机应用进入 Internet 时代之后，面临着 Web 应用这种新的方式，升级维护的成本劣势便日益显现。

为了适应 Web 应用的客观要求，一种新的体系结构模式应运而生，这就是目前被广泛采用的 B/S（Browser/Server，浏览器/服务器）体系结构模式。这是随着 Internet 技术的兴起，对 C/S 体系结构模式的一种变化和改进。在这种体系结构模式下，用户工作界面是通过 WWW 浏览器来实现的，网络浏览器作为系统的客户端，极少部分事务逻辑在前端即浏览器端实现，但主要事务逻辑在服务器端实现，在系统安全性方面获得了大幅度的提高。B/S 体系结构模式最大的优点就是可以在任何地方进行操作而不用安装任何专门的软件。当系统需要进行升级和维护时，仅需对服务器端进行升级维护，而不必像 C/S 体系结构模式那样需要更新大量的客户端。B/S 体系结构模式的另一个优点是允许选择不同的服务器操作系统，不管选用哪种操作系统都可以让大部分使用 Windows 作为桌面操作系统的计算机用户不受影响，这就使得最流行的免费 Linux 操作系统快速发展起来。现在的趋势是使用 B/S 体系结构模式的应用管理软件，只需安装在 Linux 服务器上即可，而且安全性也很高。B/S 体系结构模式的一个明显缺点是由于应用程序的主要事务逻辑都在服务器端实现，浏览器端仅完成一些界面逻辑，从而造成应用服务器运行数据负荷较重，当系统一旦发生服务器“崩溃”等问题时，后果不堪设想。因此，许多应用程序系统都备有数据库存储服务器，以防止应用服务器发生意外时数据遭受破坏。

目前的分布式应用程序系统大多采用 B/S 体系结构模式。

1.2.4 多层应用体系结构

随着近几年来 Web 应用需求的日益增强，以及中间件技术的发展，特别是 Java 技术体系的发展，开始出现了三层乃至多层体系结构的应用程序系统，并且呈现大规模流行的趋势。三层和多层体系结构是在 B/S 体系结构模式的基础上发展起来的，在 B/S 体系结构模式的浏览器端和服务器端的中间，增加了一个或多个用于进行事务处理、监测、信息处理和过滤、Web 服务等业务工作的工作层，从而形成了一个新的工作体系结构。

在多层应用体系结构中，层（Tier）是一个划分不同的业务分工的概念，各个层之间分工明确，根据企业信息系统各个组成部分在功能上的区别，将整个应用系统划分为表示层、业务逻辑层和数据层，其中的业务逻辑层又可根据不同的企业需求，进一步划分为流程层、服务层、逻辑层、操作层、映射层等多个层，划分方法也不尽相同。通常将这些不同的功能层划分统称为多层应用体系结构。

表示层也称客户层或客户端，用来提供呈现在客户端的人机交互界面，以及完成用户信息的输入工作和用户需求结果的呈现工作，表示层可以像一般的 Web 服务一样构造页面，实现页面之间的链接、导航等。在一般情况下，多层应用体系结构的表示层都是用 Web 浏览器呈现的，无须安装专门的客户端，所以被形象地称为“瘦客户”。

业务逻辑层是多层应用体系结构的核心部分，承担了应用程序系统的主要工作。业务逻辑层的工作包括：（1）处理应用程序与具体业务内容相关的逻辑计算，如银行、保险、财务等方面的计算工作，这是业务逻辑的核心任务；（2）数据库的访问和数据提取工作，实现用户与数据库之间对话的桥梁功能；（3）用户所提交数据的解析、映射工作；（4）用户所需要的信息的界面组织构造工作；（5）分布式系统的管理工作，实现系统的负载均衡、安全隔离等功能。业务逻辑层可以根据企业应用系统的具体需求，进行功能的细分，划分成多个功能层，形成多层应用体系。

数据层提供数据的存储服务，一般就是数据库管理系统。由于在业务逻辑层中可以实现灵活的数据映射，所以多层应用体系结构的数据层可以选择使用多种数据库平台，包括市场上流行的 Oracle、SQL Server、MySQL、DB2 等，还可以支持不同的数据库模型，如关系数据库、对象数据库，以及基于 XML 的层次数据库等。

多层应用体系结构的优势主要包括：（1）安全，业务逻辑层隔离了用户和数据库，有效地保护了数据，防止了对数据库的各种侵害；（2）稳定，业务逻辑层缓冲了用户对数据库的实际连接，加之采用了如数据连接池等技术，使得系统的工作稳定性大大增强；（3）易维护，当业务规则发生变化，或者软件的处理模块需要升级时，仅需修改业务逻辑层的相关模块，其他模块、客户端和数据库基本不用改动；（4）响应速度快，由于负载均衡和业务逻辑层对数据的缓存能力，系统整体上提高了对用户提交的请求的响应速度；（5）灵活的扩展方式，当业务扩大、用户的数量增加时，可以在中间层部署更多的应用服务器，提高对客户端的响应和有效连接数。

多层应用体系结构的开发技术规范目前主要有两个：COM+和 CORBA（Common Object Request Broker Architecture，公共对象请求代理架构）。COM+是面向 Windows 平台的，而 CORBA 则提供跨平台的能力。随着近年来软件和硬件技术的不断更新，特别是计算机领域反垄断的呼声日益高涨，开源组织不断涌现，跨硬件平台、跨网络环境、跨操作系统及跨数据库的应用系统不断出现，客观上也强化了对中间件的需求。

1.3 Java EE 概述

1.3.1 Java EE 模式的发展

Java EE（Java Platform Enterprise Edition，Java 平台企业版）在 2006 年 Java EE 5 发布以前称为 J2EE。什么是 Java EE？Java EE 是一种广泛使用的平台，包含了一组协调技术，可显著降低成本及开发、部署和管理以服务器为中心的多层应用程序的复杂性。Java EE 是基于 Java SE 平台构建的，并且提供了一组用于开发和运行可移植、强健、可伸缩、可靠和安全的服务器端应用程序的 API（应用程序编程接口）。

1999 年 12 月 12 日，随 Java 语言标准版 1.2 版的发布，Sun 公司首次公布了 J2EE（Java 2 Platform Enterprise Edition，Java 2 平台企业版）与 J2SE（Java 2 Platform Standard Edition，Java 平台标准版）、J2ME（Java 2 Platform Micro Edition，Java 平台迷你版）相区别，并且共同构成 Java 技术的完整格局。这是 Java EE 的第一个版本。

2001 年 9 月 24 日，发布 J2EE 1.3 版。

2003 年 11 月 11 日，发布 J2EE 1.4 版。

2006 年 5 月 11 日，发布 Java EE 5 版。

2009 年 12 月 10 日，发布 Java EE 6 版。

2013 年 5 月 28 日，发布 Java EE 7 版。

J2EE 1.2 版的主要贡献包括：（1）提出了应用系统逻辑分层的概念，把应用系统分成 Web 层、EJB 层和数据库层；（2）提出了组件的概念，把应用系统中各种不同的部分分成不同的组件，包括 Applet、Application、JSP、Servlet、EJB 等组件；（3）提出了服务规范的概念，包括 JMS、JNDI、JTA 等技术规范；（4）提出了容器的概念，如 Application 容器、Applet 容器、Web 容器、EJB 容器等。

J2EE 1.3 版对于 J2EE 1.2 版的重要改进在于对 EJB 规范的改动，增加了一种新的容器管理持久性模型，支持消息驱动 Bean，支持本地 EJB，这就是 EJB 2.0 规范。不过在实际使用过程中，很多人认为 EJB 2.0 规范是一个复杂的、不易使用的规范。

J2EE 1.4 版的主要目标是支持 Web 服务，JAX-RPC 和 SAAJ API 提供了基本的 Web 服务互操作支持。另外，J2EE 1.4 版对 JSP 也做出了一些改进。

Java EE 5 版是改动很大的一个版本，将 Java 语言企业版规范的名称由 J2EE 改为 Java EE，版本号的记录方式也做了修改。Java EE 5 版还发布了 EJB 3.0 规范，对于 EJB 的种类、功能和使用等都做了较大的改动，将 EJB 2.0 规范中被广为诟病的实体 EJB 抛弃，改为持久性 API；简化了会话 EJB 的开发，不再推荐使用 XML 描述文件作为 EJB 的部署描述文件，增加了元注释来设置部署描述信息，其目的是尽量简化开发设计人员的工作过程。另外，在 Java EE 5 版中，Web 服务继续快速发展，JAX-RPC 技术已经进化成 JAX-WS，JSF 技术被推出。

Java EE 6 版引入了三项新技术——JAX-RS、上下文和依赖注入、Bean 验证框架，其主导思想依然是简化开发设计人员的工作过程；另外更新了以下几项规范的版本：持久性 API 规范提升为 2.0，EJB 3.0 规范提升为 EJB 3.1，Servlet 规范提升为 3.0，JSF 规范提升为 2.0；

发布了 Facelets。

Java EE 7 版在 Java EE 6 版的基础上，进行了如下三项改进：（1）提供 HTML5 动态可伸缩应用程序；（2）通过一个紧密集成的平台简化了应用架构，提高开发人员的生产力；（3）提供了许多新功能以满足苛刻的企业需求。

近几年来，越来越多的企业和个人已将 Java EE 作为新一代应用系统开发的工业标准。

1.3.2 Java EE 应用模式

Java EE 是一种基于分布式多层结构的企业级应用系统的解决方案，是一种很有影响力的中间件开发技术。

Java EE 应用模式的基础是 Java 语言和 Java 虚拟机，Java EE 被设计用来开发为用户、雇员、供应商及业务合作伙伴的企业提供服务的应用系统。

从 J2EE 1.2 版到 Java EE 7 版，大致可以分成两个阶段，各自形成了两种典型的技术组合模式：JSP+Servlet+EJB+JDBC 技术组合的阶段和 JSF+EJB+JPA 技术组合的阶段。

前一个阶段，即 JSP+Servlet+EJB+JDBC 技术组合是成熟的技术，已被广泛应用于各种各样的应用系统的开发过程，可以检索到大量的技术文献。这个阶段主要以 JSP 技术规范为核心内容和显著特征，主要强调处理网络环境下的请求-响应，通过处理 HTTP 请求并给出相应的响应来完成服务器与用户之间的交流，可以称之为“请求-响应模式”，其中的主要内容体现在 J2EE 1.2 版到 J2EE 1.4 版之中，部分内容在 Java EE 5 版和 Java EE 6 版仍然有更新。广为人知的 Struts、Spring、Hibenate 等第三方产品主要是基于请求-响应模式而开发的，并且开发方也有一些各自的创新。

后一个阶段，即 JSF+EJB+JPA 技术组合则是刚刚成型的技术，到目前为止，还没有太多的资料。这个阶段主要以 JSF 技术规范为核心内容和显著特征，主要强调处理页面上的 UI 组件及发生于其上的事件，通过处理用户 Web 页面上的事件完成服务器与用户之间的交互，可以称之为“事件模式”，其中的主要内容形成于 Java EE 5 版到 Java EE 7 版。

需要指出的是，在请求-响应模式与事件模式之间，并没有一个明显的分界线，实际上这些技术规范都是 Java EE 的组成内容，相互之间是兼容的，完全可以在同一个平台上自由使用。

图 1.1 给出了三类常见的 Java EE 应用模式下的分布式应用系统的工作方式。

Java EE 应用模式使用分布式多层应用来解决企业应用问题，各种功能按照应用逻辑被分解为组件，再由这些完成一定功能的各种各样的组件构建成相应的应用系统。Java EE 应用模式的工作流程就是按照应用系统的需求，将其分解为若干不同的部分和不同的功能，在寻找到适合需要的全部组件之后，使用相应的组件来搭建出这些不同的部分和不同的功能。组件可以由不同的人来开发，由应用系统的设计者将这些组件最终安装部署成所需的应用系统。

Java EE 应用模式适合用来解决那些大型的需要在网络环境下运行的分布式多层应用系统。Java EE 提供了一套完整的解决这些问题的框架方案。

从根本上讲，Java EE 不是软件产品，而是一套定义了一系列使用 Java 技术开发软件产品的开放的技术规范。按照参与 Java EE 开发设计工作的不同分工，Java EE 将不同的人群划分成几种角色：产品提供者、工具提供者、应用组件提供者、系统组件提供者、应用组装者、应用部署者、管理员。应用组件提供者又可以根据所开发的对象不同而分为 EJB 开发者、

Web 组件开发者、应用客户端开发者。任何组织或个人都可以按照这套标准参与 Java EE 相关产品的开发设计，所开发出来的产品相互之间具有良好的兼容性。

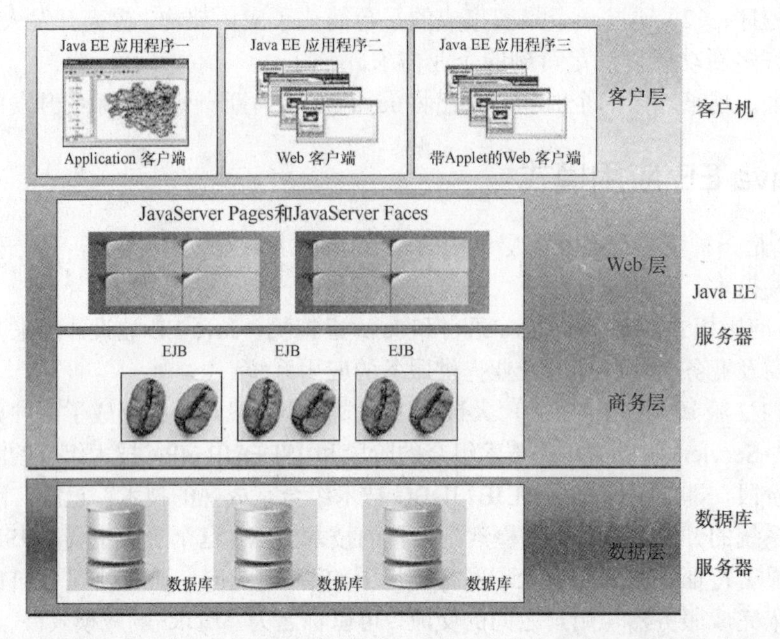

图 1.1 三类常见的 Java EE 应用模式下的分布式应用系统的工作方式

1.3.3 Java EE 组件与容器

Java EE 提供的一些基本的组件、容器、安全性、通信等内容，满足基本的开发设计要求，同时还定义了组件的打包、组装、部署的基本规则。

Java EE 组件包括运行在客户机上的 Application 和 Applet 等客户端组件，运行在服务器端的 Java Servlet、JavaServer Faces 和 JavaServer Pages 等 Web 组件，以及运行在服务器端的完成业务功能的 EJB（Enterprise JavaBeans，企业化 JavaBeans）组件。EJB 是具有属性和执行业务逻辑的方法的代码单元体，一般以类的形式出现，包括会话 EJB 和消息驱动 EJB。Java EE 组件都是用 Java 编程语言写成的，并且采用相同的编译方式。Java EE 组件与标准的 Java 类之间的差别在于，Java EE 组件被装配到应用系统中，部署到产品中，由 Java EE 服务器来管理。EJB 组件的任务通常是接收来自客户端的数据信息，按照各种业务逻辑——商业的、财务的、银行业的——去计算和处理这些数据，并且将其存储到企业信息系统中，或者将企业信息系统中的数据提取出来，经过计算和处理之后，作为页面的一部分发送给客户端。

Java EE 组件有一个十分重要的特性，那就是可重用性。遵循某些特定要求，能够完成某种功能的组件可以被多次重复使用在不同的应用程序系统中，这是由组件的打包、组装、部署的基本规则完成的。只要按照 Java EE 规范所要求的方式开发组件，并且按照规则打包这些组件，那么在任何一个使用 Java EE 进行开发的应用程序系统中，都有可能将这样的组件按照部署规则部署到系统中。这一系列打包、组装、部署的基本规则保证了 Java EE 组件的可重用性，也恰恰体现了 Java EE 组件作为中间件在应用程序系统的开发过程中的高效率、低成本、易于维护的特点。

Java EE 服务器为每种组件都提供了由容器构成的一种底层服务。容器是介于组件与支持组件运行的底层特定平台功能之间的接口。Web 组件、EJB 组件、Application 和 Applet 客户端组件在它们能够被执行之前，必须被组装和部署到相应的容器中。组装的过程可能会涉及每个组件的容器和整个应用程序系统容器的一些设置方面的细节，容器设置过程会用户化 Java EE 服务器所提供的一些底层支持，包括安全性、事务管理、JNDI 查找、远程连接等功能。正是因为有了组件和容器之间的这种关系，基于可重用组件和平台无关的 Java EE 体系架构才使得开发设计一套应用程序系统变得更为容易和快捷，克服了瘦客户端的多层应用程序因为涉及事务处理、状态管理、多线程、资源池和其他复杂的底层细节而难以开发的问题，开发人员可以摆脱烦琐的底层技术细节，集中精力解决应用程序的业务问题。

完整地运行一套 Java EE 应用程序系统需要开发使用者提供 Java EE 服务器、EJB 容器、Web 容器、Application 客户端容器和 Applet 容器。EJB 容器运行在 Java EE 服务器上，负责管理 Java EE 应用程序系统中的 EJB 组件的执行。Web 容器负责管理 Web 页面、Servlets 和某些 EJB 组件的执行，同样也运行在 Java EE 服务器上。Application 客户端容器负责管理 Application 客户端组件的执行，运行在客户机上。Applet 容器负责管理 Applet 的执行，由 Web 浏览器和运行在客户端的 Java 插件共同构成。

图 1.2 给出了几种 Java EE 容器之间的关系。

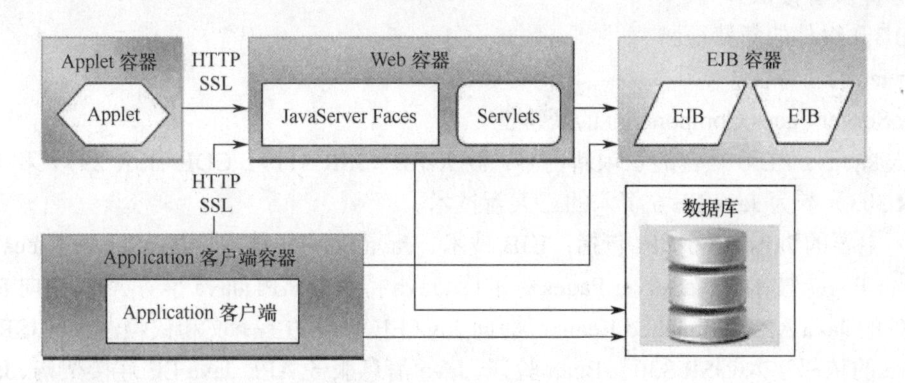

图 1.2 EJB 容器、Web 容器、Application 客户端容器和 Applet 容器之间的关系

1.3.4 Java EE 体系架构的优越性

Java EE 体系架构有以下几个优越之处。

（1）平台无关性。由于 Java EE 体系是基于 Java 编程平台的，运行于 Java 虚拟机环境中，先天具有平台无关和可移植的特点，所以 Java EE 体系是独立于操作系统平台和硬件平台的。

（2）面向对象与基于组件的设计原则。Java EE 体系比较完整地贯彻了面向对象的设计原则，组件是其重要的开发设计单位，各种组件最终整合成为完整的软件系统，较好地实现了可重用性。

（3）系统异构性和互操作性。由于组件的可移植性，Java EE 体系下的应用系统的各个部分可以部署、运行在不同的应用服务器上，实现了异构环境下的互操作。

（4）快速集成功能。在 Java EE 体系下，已有的企业资源与新开发的应用系统可以比较简单地实现功能和数据的集成，大大方便了企业应用系统的组建和更新。

1.3.5 Java EE API

Java EE 提供了一整套 API 来支持其强大的功能。Java EE 在早期 J2EE 版本的基础上，做出了一些改进和提升。最重要的改进目标是通过为 Java EE 平台中的各种组件提供共同的基础而简化开发。Java EE 6 和 Java EE 7 两个版本在实现面向对象开发分布式应用系统方面获得了比较全面的进步。较之以往的版本，Java EE 6 平台和 Java EE 7 平台有以下一些特征。

（1）Java EE 6 引入了 Profile 的概念，即配置文件，它减小了 Java EE 平台的体积。Profile 是 Java EE 平台的配置，一个 Profile 可能包括 Java EE 平台技术的一个子集。

（2）以下一些新技术是 Java EE 6 平台的新内容。

JAX-RS（Java API for RESTful Web Services，面向 RESTful Web 服务的 Java API）。

Managed Beans，CDI（Contexts and Dependency Injection，上下文和依赖注入）。

Bean 验证（Bean Validation）。

JASPIC（Java Authentication Service Provider Interface for Containers，为容器提供的 Java 认证服务提供者接口）。

EJB 3.0 组件的新特征。

Servlet 的新特征。

JavaServer Faces Components 的新特征。

有人将 Java EE 6 平台的三项新内容：JAX-RS（JSR 311）、CDI（JSR 299）和 Bean 验证（JSR 303）誉为 Java EE 6 引入的三大新技术。

（3）主要的 Java EE 6 API 包括：EJB 技术、Java Servlet 技术、JavaServer Faces 技术、JavaServer Pages 技术、JavaServer Pages 标准库、Java 持久性 API、Java 事务 API、面向 RESTful Web 服务的 Java API、Managed Beans、面向 Java EE 平台的上下文和依赖注入（JSR 299）、面向 Java 的依赖注入（JSR 330）、Bean 验证、Java 消息服务 API、Java EE 连接架构、JavaMail API、JACC（Java Authorization Contract for Containers，Java 容器授权合同）、JASPIC 等。还有一些 Java EE 平台需要的 API 被定义在 Java SE 平台上，包括 JDBC（Java Database Connectivity，Java 数据库连接）、JNDI（Java Naming and Directory Interface，Java 命名和目录接口）、JAF（JavaBeans Activation Framework，JavaBeans 激活框架）、JAXP（Java API for XML Processing，面向 XML 处理的 Java API）、JAXB（Java Architecture for XML Binding，面向 XML 绑定的 Java 架构）、SAAJ（SOAP with Attachments API for Java，面向带附件的 SOAP 的 Java API）、JAX-WS（Java API for XML Web Services，面向 XML Web 服务的 Java API）、JAAS（Java Authentication and Authorization Service，Java 认证和授权服务）等。

（4）Java EE 7 的三项改进如下。

提供 HTML5 动态可伸缩应用程序。

通过一个紧密集成的平台简化了应用架构，提高了开发人员的生产力。

提供了许多新功能以满足苛刻的企业需求。

1.4 主要 Java EE 产品介绍

1.4.1 WebSphere

WebSphere 是 IBM 公司的集成软件平台。它包含了编写、运行和监视全天候的工业强度的随需应变 Web 应用程序和跨平台、跨产品解决方案所需要的整个中间件基础设施，如服务器、服务和工具。WebSphere 提供了可靠、灵活和健壮的集成软件，是一系列功能十分强大的产品的集成，自 1998 年 6 月发布至本书编写时，已经更新到第 7 版。WebSphere 中间件是市场领先的互联网基础设施软件或中间件，用于跨多种计算平台创建、运行和集成各种业务应用，帮助企业最大限度地提高灵活性和响应能力。众多公司和组织正在使用这些产品专为满足客户对创新、基于标准、高度可靠和可扩展软件的需求。

IBM 公司的 WebSphere 应用服务器以 Java 和 Servlet 引擎为基础，支持多种 HTTP 服务。WebSphere 还包括项目管理、Java Servlet 代码生成器、HTML 写作工具、各种 Script 的编制工具及 Bean 和 Servlet 等 Java 代码的开发工具，可以帮助用户完成从开发、发布到维护交互式的动态网站的所有工作。

WebSphere 是商业软件，使用需要付费。

1.4.2 WebLogic

WebLogic 原是美国 BEA 公司出品的一个应用服务器，后来随着 BEA 公司被 Oracle 公司收购而被纳入 Oracle 阵营，是一个基于 Java EE 架构的中间件。WebLogic 是用于开发、集成、部署和管理大型分布式 Web 应用、网络应用和数据库应用的 Java 应用服务器。它将 Java 的动态功能和 Java 企业标准的安全性引入大型网络应用的开发、集成、部署和管理之中。WebLogic 应用服务器产品系列一度被认为是业界最全面的开发、部署和集成企业管理软件的平台。该产品系列的核心是 Oracle WebLogic 服务器，它是一个功能强大和可扩展的 Java EE 服务器。它与 Oracle 应用服务器及 Oracle JRockit 和 Oracle Coherence 这样的其他性能增强产品结合在一起构成了 Oracle WebLogic 套件。此外，Oracle WebLogic 应用网格为极限事务处理提供了必要的 Java 基础架构。

Oracle WebLogic 套件和 Oracle WebLogic 应用网格是 Oracle 融合中间件的战略性应用服务器产品。在 Oracle 融合中间件战略中可了解有关这些产品及其作用的更多信息。Oracle 应用服务器的客户可从持续开发和 Oracle 所做的随着时间推移将其最佳功能与 Oracle WebLogic 服务器相集成的承诺中受益。

WebLogic 也是商业软件。

1.4.3 GlassFish

GlassFish 源于 Sun 公司于 2005 年 6 月启动的 GlassFish 项目，该项目旨在开发一个与 Java EE 5 兼容的应用服务器产品，并向 Java.NET 社区开放源代码。2006 年 5 月，GlassFish 第 1 版与 Java EE 5 规范同时发布，是第一个开源的、与 Java EE 5 兼容的应用服务器。2007

年 9 月，GlassFish 第 2 版发布。Sun GlassFish Enterprise Server 是 Sun 公司支持的商用应用服务器版本，与 GlassFish 社区版本具有相同的源代码，Sun 公司对该商业版本提供全面的支持和保障。

截至本书编写时，GlassFish 版本为第 4 版，支持 Java EE 7。由于 Sun 公司与 Oracle 公司的商业并购，GlassFish 也被纳入 Oracle 阵营，可以在 Oracle 公司网站上下载免费的 GlassFish 产品。

1.4.4 Tomcat

Tomcat 是 Apache 软件基金会（Apache Software Foundation）的 Jakarta 项目中的一个核心项目，由 Apache、Sun 公司和其他一些公司及个人共同开发而成。Tomcat 最初是由 Sun 公司的软件构架师詹姆斯·邓肯·戴维森开发的，后来他帮助将其变为开源项目，并由 Sun 公司贡献给 Apache 软件基金会。因为 Tomcat 技术先进、性能稳定，所以深受 Java 爱好者的喜爱，并得到了部分软件开发商的认可，成为目前比较流行的 Web 应用服务器。并且由于有了 Sun 公司的参与和支持，最新的 Servlet 和 JSP 规范总是能在 Tomcat 中得到体现。例如，Tomcat 5 支持当时最新的 Servlet 2.4 和 JSP 2.0 规范。本书编写时的最新版本是第 8 版，完全支持 Java EE 7 技术规范。

Tomcat 很受广大程序员的喜欢，因为它运行时占用的系统资源少，扩展性好，支持负载平衡与邮件服务等开发应用系统常用的功能。Tomcat 一直在不断地改进和完善中，任何一个感兴趣的程序员都可以更改它或在其中加入新的功能。Tomcat 是一个轻量级应用服务器，在中小型系统和并发访问用户不是很多的场合下被普遍使用，是开发和调试 JSP 程序的首选之一。

Tomcat 是完全开源和免费的。

1.4.5 JBoss

JBoss 是一套应用程序服务器，属于开源的企业级 Java 中间件软件，用于实现基于 SOA 架构的 Web 应用和服务，曾经获得过最佳 J2EE 服务器的称号，并且在 2004 年 6 月通过了 Sun 公司的 J2EE 认证。2006 年 6 月，JBoss 被 Red Hat 公司收购，JBoss 服务器归 Red Hat 公司所有。JBoss 在第 7 版后改名为 WildFly，完全支持 Java EE 7 技术规范。

可以在 JBoss 官方网站下载免费版的产品，并且由于 JBoss 代码遵循 LGPL 许可，还被允许可以在任何商业应用软件中免费使用。

1.5 用 GlassFish 服务器构建企业级应用环境

1.5.1 下载正版安装软件

本书采用 Oracle 官方出品的 GlassFish 服务器和 NetBeans 8.0 IDE（Integrated Development Environment，集成开发环境）作为项目开发的应用环境，操作系统采用 Windows 7 旗舰版。选择 GlassFish 服务器的理由是，各种组件和运行容器都被很好地集成于其中，JSF 的权威实现 JSF RI 也无须另外安装，比较方便初学者。当然，同样的功能也完全可以在其他的 Java EE 相关服务器和开发环境中实现，如 Tomcat 服务器、Eclipse 开发环境等。

在其他开发环境（如更高版本的 Windows 操作系统或其他操作系统、其他的 Java EE 服务器）的安装、配置、运行等操作，请读者参照相应的技术资料，本书不再赘述。

以下资源可以到 http://www.oracle.com/网站的相应位置下载。

Java SE 8 平台标准版：jdk-8u40-windows-i586.exe。

Java EE 7 软件和 GlassFish 4 服务器开发工具包：java_ee_sdk-7u1.zip。

NetBeans 8.0 IDE：netbeans-8.0.2-javaee-windows.exe。

1.5.2 安装 Java 软件和 GlassFish 服务器

1. 安装 Java SE 8 平台标准版

JDK 8 的安装过程与早期版本的安装过程基本相同，双击“jdk-8u40-windows-i586.exe”将启动安装向导，这是一个自解压缩文件，将会自动完成安装任务。在安装过程中可以使用默认的安装路径“C:\Program Files\Java\jdk1.8.0_40\”，如图 1.3 所示，也可以根据需要自行设定安装路径。无论怎样安装，将设定好的绝对路径记下来，下面设置环境变量时需要用到。接着会有一个 Java 运行环境（Runtime Environment）目标文件夹的选择对话框，这个安装位置建议采用默认的安装路径“C:\Program Files\Java\jre1.8.0_40\”，如图 1.4 所示。

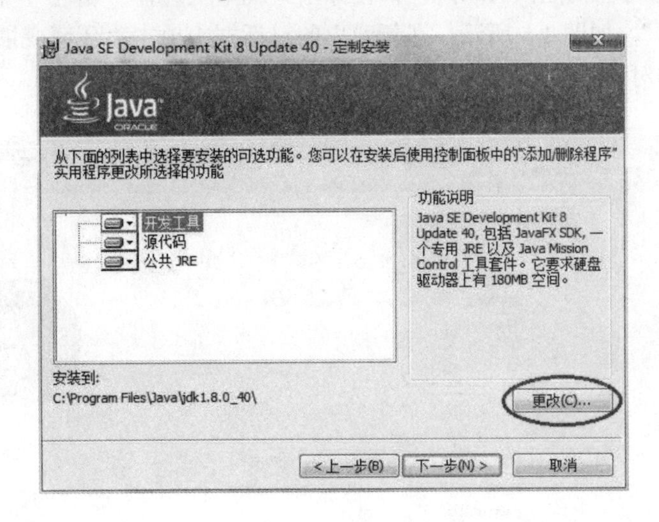

图 1.3　Java SE 8 安装路径的更改对话框

可以到 Oracle 网站上下载 Java SE 8 平台的 API 说明文档并解压缩到硬盘上备用。

2. 安装 Java EE 7 软件和 GlassFish 4 服务器开发工具包

双击自解压缩文件“java_ee_sdk-7u1.zip”启动安装向导，选择解压路径为“C:\”，将会自动完成安装任务。此时 Java EE 7 软件的安装位置为“C:\glassfish4”，GlassFish 4 服务器的安装位置为“C:\glassfish4\glassfish”。其默认的用户名为 admin，无须密码，管理端口为 4848，HTTP 端口为 8080。

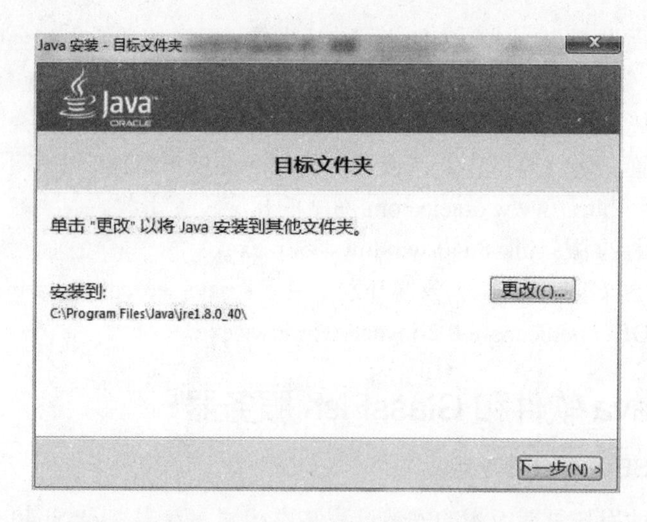

图 1.4　Java SE 8 运行环境目标文件夹更改对话框

可以到“C:\glassfish4\glassfish4\docs\api”文件夹下查看 Java EE 7 软件的 API 说明文档，无须专门下载。

3. 配置环境变量

在 Windows 桌面上右击“计算机”，在弹出式菜单上选择“属性”，在弹出的窗口中选择“高级系统设置”，如图 1.5 所示。在新弹出的对话框中单击“环境变量”按钮，如图 1.6 所示。在新弹出的对话框中进行 3 个环境变量的配置操作。

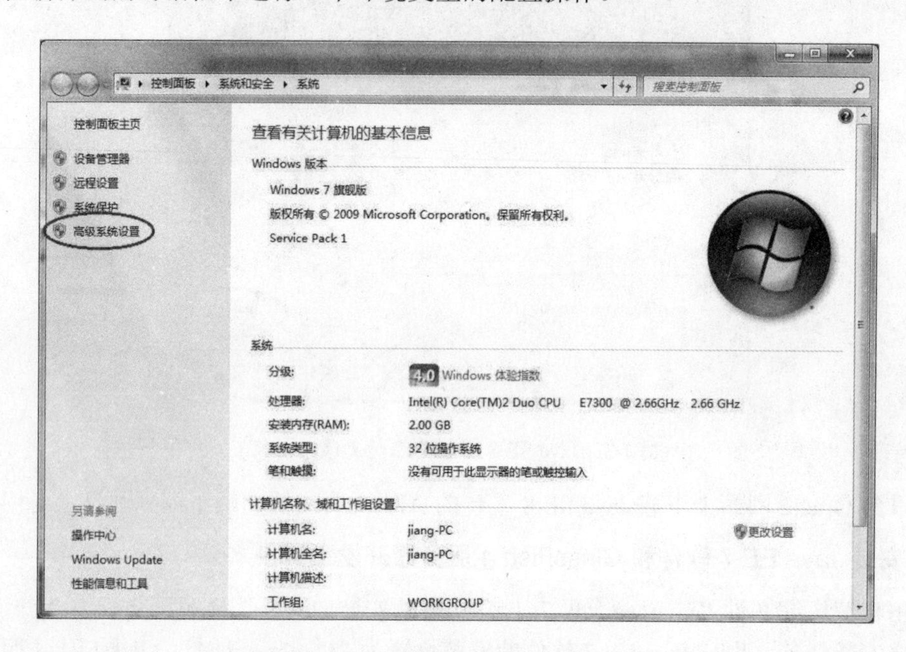

图 1.5　属性窗口的显示和选择

（1）单击“系统变量”下面的“新建”按钮，如图 1.7 所示。在“变量名”处的输入栏中输入“JAVA_HOME”，在“变量值”处的输入栏中输入上面设定的绝对路径。例如，如果 JDK 安装在“C:\jdk1.8.0_40”这个文件夹里，那么变量值就输入“C:\jdk1.8.0_40”。

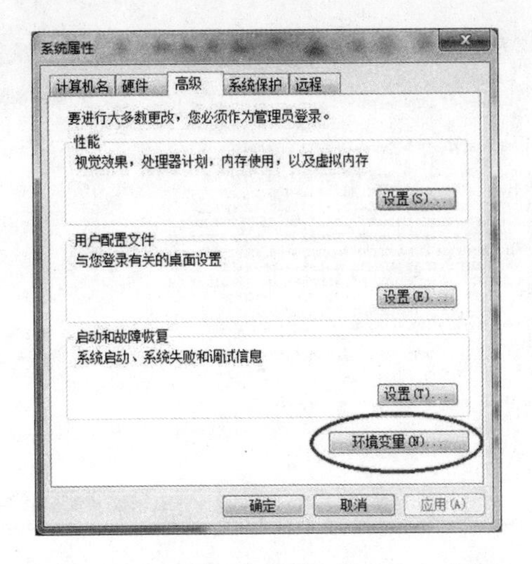

图 1.6　高级系统设置窗口的显示和选择

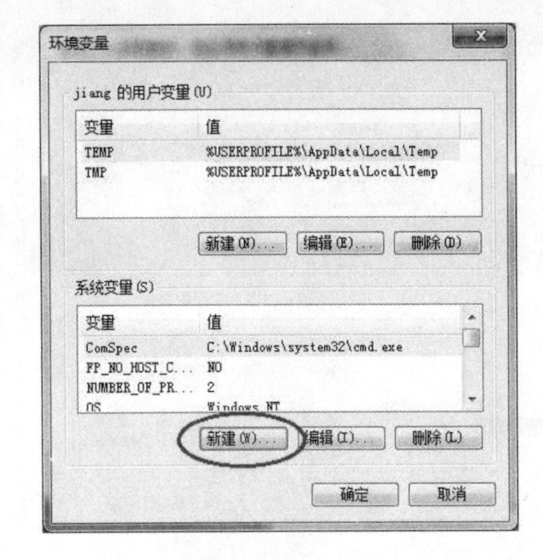

图 1.7　环境变量窗口的显示和选择

（2）单击“新建”按钮，在“变量名”处的输入栏中输入“CLASSPATH”，在“变量值”处的输入栏中输入“C:\jdk1.8.0_40\lib\dt.jar;C:\jdk1.8.0_40\bin;C:\jdk1.8.0_40\lib\tools.jar;.;”。如果所使用的安装路径不是“C:\jdk1.8.0_40”，则需要用实际的绝对路径替换“C:\jdk1.8.0_40”部分。请特别注意，在所输入的内容中，最后的点是必须保留的。

（3）单击“新建”按钮，在“变量名”处的输入栏中输入“PATH”，在“变量值”处的输入栏中输入“C:\jdk1.8.0_40\bin; C:\glassfish4\bin; C:\glassfish4\glassfish\bin;”。它们分别是 Java SE 8 平台的执行路径、Java EE 7 软件的执行路径、GlassFish 4 服务器的执行路径。

如果“PATH”变量已经存在，则首先选择该变量，并单击“编辑”按钮，将三个执行路径放入“PATH”值序列的前端，最后连续单击各个对话框的“确定”按钮完成操作。

4. 安装 NetBeans 8.0 IDE

NetBeans 8.0 IDE 是一个免费的、开源的开发 Java 应用和 Java EE 应用的开发环境，该软件由 Oracle 公司官方开发，该环境支持 Java EE 平台。借助这个环境，可以创建、打包、部署和运行应用实例。

双击“netbeans-8.0.2-javaee-windows.exe”文件即进入安装过程，如果在系统中已经安装了 GlassFish 服务器，请在安装向导第一步不选择安装 GlassFish 服务器，将安装向导第一个对话框中“GlassFish Server Open Source Edition 4.1”前面的多项选择框置为“不选”状态，如图 1.8 所示。在安装向导第二步勾选“我接受许可证协议中的条款”，如图 1.9 所示。在安装向导第三步选择“我接受许可证协议中的条款，安装 JUnit”，如图 1.10 所示。在安装向导第四步可以自行设定 NetBeans 的安装位置，如图 1.11 所示。然后按照自动安装的提示完成全部安装过程。

在安装过程完成后，应将系统中事先安装的 GlassFish 服务器当前版本加入 NetBeans 8.0 IDE，加入的步骤如下。

（1）打开 Windows 的“开始”菜单，选择“所有程序”，选择“NetBeans”，选择“NetBeans IDE 8.02”启动 NetBeans，在“工具”菜单中选择“服务器”，服务器引导将开启。

（2）单击“添加服务器”按钮。

（3）如图 1.12 所示，在“选择服务器”下选择“GlassFish Server”并单击“下一步”按钮。

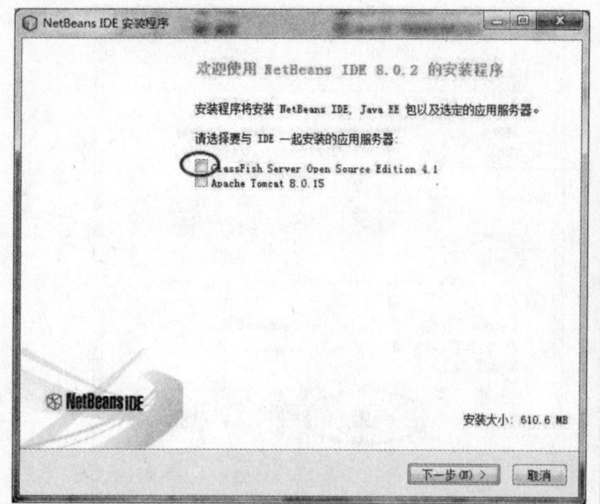

图 1.8　NetBeans 8.0 安装向导第一步

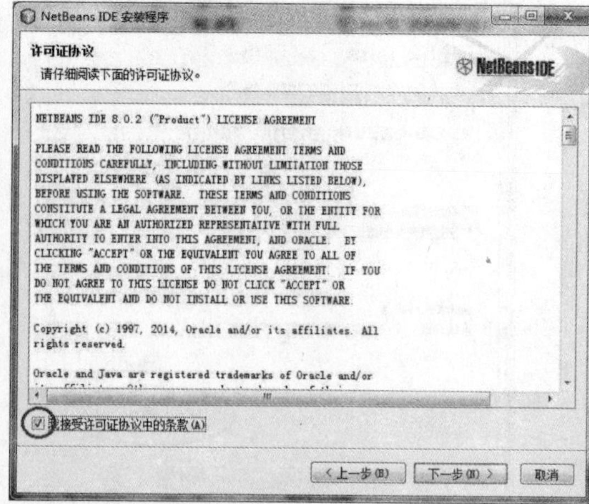

图 1.9　NetBeans 8.0 安装向导第二步

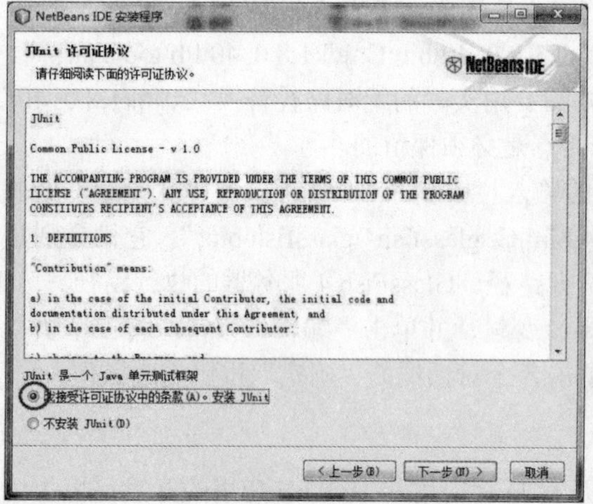

图 1.10　NetBeans 8.0 安装向导第三步

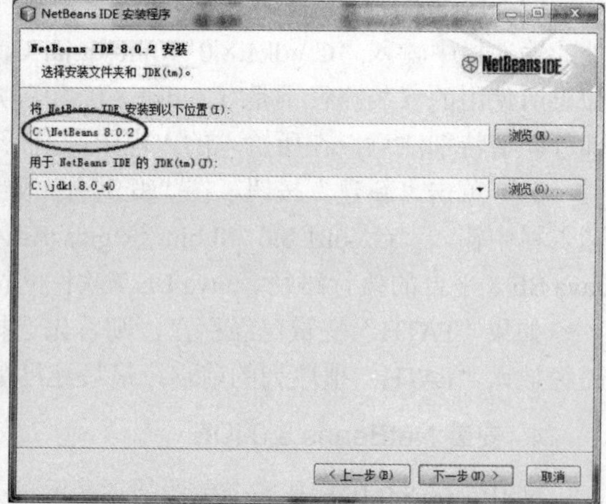

图 1.11　NetBeans 8.0 安装向导第四步

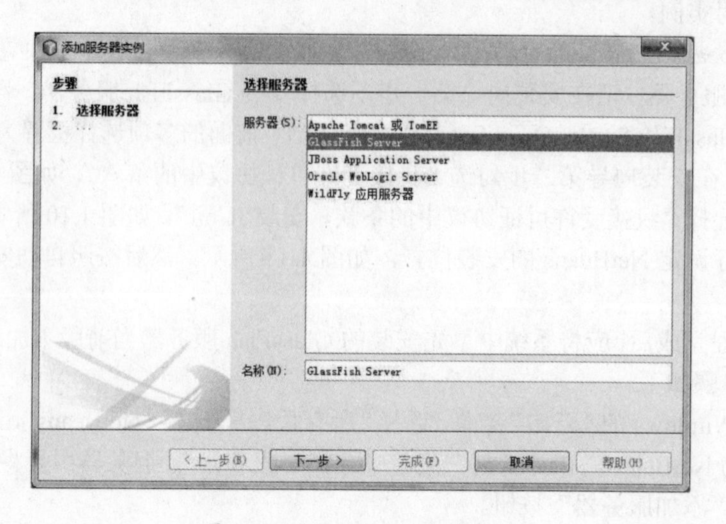

图 1.12　添加 GlassFish 服务器

（4）如图 1.13 所示，在“服务器位置”下浏览 GlassFish Server 的安装位置。

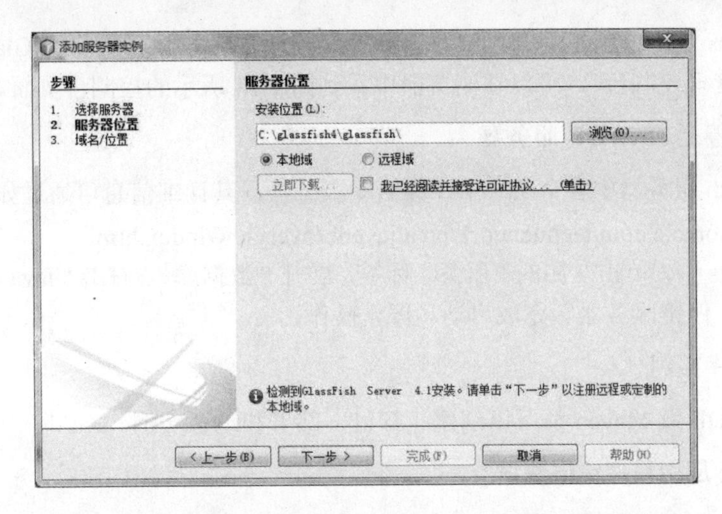

图 1.13 选定 GlassFish 服务器的安装位置并选定注册本地域

（5）在“安装位置”下选定注册本地域，如图 1.13 所示，并单击“下一步”按钮。

（6）单击“完成”按钮。

在 NetBeans IDE 中含有一个 Apache Maven 工具，这是一个由 Apache 组织开发的基于 Java 技术的创建工具，用于创建、打包、部署和运行应用实例，在命令行下运行应用实例需要 Maven 3.0 或更高版本，可以到 http://maven.apache.org 中下载文件 apache-maven-3.3.9-bin.zip，解压缩安装。现在 NetBeans IDE 已经替我们做完了。

5. 安装 Java EE 7 应用组件

Java EE 7 应用组件包括文档和实例，已经包含在 Java EE 7 软件包中了，并且会定期发布新的版本。在 NetBeans 中，单击主菜单的“窗口”，单击“服务”菜单项，在左侧的“服务”组中展开“服务器”，右击“GlassFish Server”，选择“查看域更新中心”，在弹出的对话框中单击“是”按钮，下载并安装更新中心，进行文档和例子的更新。安装过程需要一段时间。

1.5.3 使用 Java 软件和 GlassFish 服务器

1. 启动和停止 GlassFish 服务器

可以使用 NetBeans IDE 或命令行完成启动和停止 GlassFish 服务器。在 NetBeans 中，单击左侧的“服务”标签，展开“服务器”，右击“GlassFish Server”，选择“启动”或“终止”完成相应的动作。

在网络浏览器的地址栏输入“http://localhost:4848/”，如果能够看到如图 1.14 所示的控制台页面，就说明 GlassFish 服务器安装成功了。

图 1.14 在浏览器中看到控制台页面局部

2. 启动管理控制台

在 NetBeans 中，单击左侧的“服务”标签，展开“服务器”，右击“GlassFish Server”，选择“查看域管理控制台”，可以在浏览器中看到图 1.14 所示的控制台页面。

3. 启动和停止 Java DB 服务器

在 GlassFish 服务器中含有 Java DB 数据库服务器，其详细信息可通过如下链接查阅。

http://www.oracle.com/technetwork/java/javadb/overview/index.html

在 NetBeans 中，单击左侧的“服务”标签，展开“数据库”，右击“Java DB”，选择“启动服务器”或“停止服务器”完成启动和停止操作。

4. 创建程序实例

NetBeans IDE 或 Maven 都可以创建、打包、部署和运行实例。

5. Java EE 应用程序错误测试

有两种方法可以实现错误测试，一种方法是使用 Server Log，可以查阅 server.log，其中含有 GlassFish 服务器和 Java EE 应用程序的输出内容，GlassFish 服务器还提供了一个 Log 观看器供用户专门阅读 Log 文本文档，具体操作步骤如下。

（1）展开 GlassFish Server 节点。

（2）单击“View Log Files”按钮，此时观看器开启并显示最后 40 项文件内容。

（3）若想观看更多内容，单击“Modify Search”按钮，指定想要观看的内容，单击 Log 观看器上面的“Search”按钮。

另一种方法是使用 Debugger。GlassFish 服务器支持 JPDA（Java Platform Debugger Architecture，Java 平台调试架构），可以通过配置 GlassFish 服务器传递调试信息。这需要先在管理控制台页面中激活 Debugger，具体操作步骤如下。

（1）展开 Configurations 节点。

（2）展开 Server-config 节点。

（3）选择 JVM Settings 节点，默认的调试选项内容显示如下。

```
-Xdebug -Xrunjdwp:transport=dt_socket,server=y,suspend=n,address=9009
```

若端口 9009 正在被使用，可以将调试器套接字的端口号修改为 GlassFish 服务器不使用的一个端口号。

（4）选择“Debug Enabled”选项。

（5）单击“Save”按钮。

（6）停止 GlassFish 服务器并重启。

第2章　Web应用框架JSF

本章主要内容：Web应用是广泛使用的应用系统，也是Java EE解决方案在实际开发设计应用中的重要形式，是Java EE技术的主要内容。本章详细讲解JavaServer Faces框架的主要概念、主要成分和主要技术构成，包括JavaServer Faces页面技术、XHTML规范、UI标签组件技术和API、表达式语言、Backing Bean、导航模型、JSF事件机制及监听器、转换器、验证器、Facelets技术、Servlet技术等几个重要概念，并且给出了几个在GlassFish服务器和NetBeans IDE下开发运行Web应用的实例及基本操作流程。

建议讲授课时数：8课时。

2.1　Web应用概述

2.1.1　Web应用的基本概念

Web应用（Web Application）可以看成动态的Web，或者应用服务器的Web化。Web应用总是运行在多层应用体系的Web层。

Web应用可以分为面向外观的Web应用和面向服务的Web应用，前者通常用于生成由各种标记语言所描述的网页，对于客户端的请求予以回应，后者则实现了Web服务。面向外观的Web应用经常扮演面向服务的Web应用的客户端角色。

Web组件构成了Web应用的表示层。在Java EE平台上，Web组件提供了Web服务器的动态扩展能力。Web组件可以是Java Servlet，或者由JavaServer Faces技术、Web服务端点或JSP技术等所实现的Web页面。一般而言，JavaServer Faces和Facelets页面更适合生成如XHTML等基于文本的标记，通常都用于面向外观的Web应用；Java Servlet适合面向服务的Web应用，以及实现对面向外观的Web应用的控制功能。

Web组件是由运行时平台的服务来支持的，这个平台称为Web容器（Web Container）。Web容器为Web组件提供了如请求调度、安全性、并发性、生命周期管理等服务。

2.1.2　Web应用的工作过程

Web应用的一般工作过程：Web客户端向Web服务器传递一个HTTP Request，由Java Servlet和JavaServer Faces技术实现的Web服务器将其转换为一个HTTPServletRequest对象实例，这个对象实例被转交给能够与JavaBeans组件或数据库进行交互的Web组件，这个Web组件或者将其传递给另外的Web组件继续处理，或者随后生成一个HTTPServletResponse对象实例，Web服务器会将最终生成的HTTPServletResponse对象实例转换成HTTP Response并返回给Web客户端。

Web应用的一般工作过程如图2.1所示。

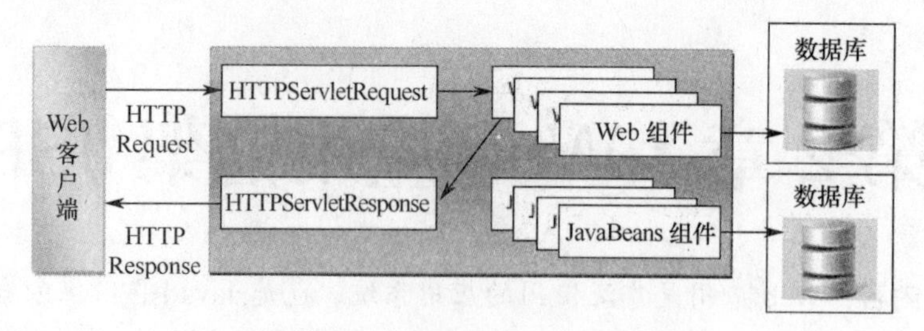

图 2.1　Web 应用的一般工作过程

2.1.3　Web 应用的基本开发步骤

一个基本的 Web 应用通常包括几部分内容：若干个 Java Servlet 组件、若干个 JSP 页面或 JavaServer Faces 页面这样的 Web 组件，构造页面或其他用途的类似于图片这样的资源文件，起辅助作用的 Java 类及其库文件。Web 容器还提供了很多支持服务，用以提升 Web 组件的能力，并且便于开发 Web 组件。

一般而言，创建、部署和运行一个 Web 应用的过程大致包括以下几个步骤：（1）开发 Web 组件的代码；（2）开发 Web 应用的部署描述符；（3）编译 Web 应用的组件及其所涉及的辅助类；（4）打包 Web 应用为部署单元；（5）向 Web 容器中部署 Web 应用；（6）访问指向该 Web 应用的 URL。

2.2　JavaServer Faces 框架技术

2.2.1　JavaServer Faces 框架的概念

JavaServer Faces（JSF）框架是 Java Community Process（JCP）组织开发的一种 Java 框架技术标准，2004 年发表 JSF 1.0 版本，并且在 2006 年 5 月成为 Java EE 5 标准的一部分，2009 年 12 月随 Java EE 6 推出 JSF 2.0 版本，其中吸收了 Struts2、Spring 标准中的很多优点，成为一个 Web 应用框架技术标准。JSF 主要侧重于 Web 应用的表示层，主要支持企业级应用系统的人机交互，支持输入/输出类型转换、内容检验、事件处理、页面导航等业务逻辑。需要特别强调的是，JSF 框架是一种可复用的软件架构解决方案。

JSF 规范是在 Java 开发者充分评价了 JSP 技术规范优缺点的基础上，设计出来的一个在功能上可以完全替代 JSP 页面的新的 Web 页面规范和框架。JSF 充分吸收了 Hibenate 框架和 Spring 框架等第三方产品的设计概念，采用基于 MVC 模式的软件系统架构，改进了 JSP 规范中执行代码与页面标记混合存储的方式，将可执行的 Java 代码单独存储成托管 Bean，既使得代码开发更为容易，也使得页面的维护更为方便。因为 JSF 页面更强调 Java 代码桌面编程，所以对于 Java 程序员而言，掌握 JSF 的开发设计技术会更容易一些，开发设计 JSF 页面也会感到更适应。另外，这种开发模式也让软件的功能更强大。

JSF 还通过将良好构建的 MVC（Model View Controller，模型-视图-控制器）设计模式集成到它的体系结构中，确保了应用程序具有更高的可维护性。模型由称为 Backing Bean 的托管 Beans 承担，视图由 XHTML 页面承担，控制由 JSF 框架自身承担。

JSF 定义了一组 UI（User Interface，用户界面）组件，以及一组标准的 API。所有的 UI 组件都可以直接应用在网页里，而且大部分组件几乎都是 HTML 格式系列标记的翻版。API 可用来扩充原有的标准组件，也可以开发全新的组件。

JSF 支持事件处理机制，每当用户做单击链接或按下按钮等操作时便会触发事件处理器，而事件处理器可以改变其他组件的状态，或者运行某段后台程序。JSF 还支持组件输入/输出信息的验证，连接在组件上的验证器，不仅能够检验用户输入的数据，还能够自动输入数据传递给应用对象。JSF 也支持输入/输出信息的类型转换，可以在组件上连接转换器完成信息的转换工作。借助一个可插入的导航处理器，事件处理器可以控制接下来要显示哪一个网页。

JSF 是一种新的服务器端 Web 应用的标准 Java 框架技术，用以构建基于 Java 技术的 Web 应用程序。它提供了一种以组件为中心开发 Java Web 用户界面的方法，从而简化了开发。

相比 JSP，JSF 具有如下优势。

（1）企业应用的风格更为统一，维护更为简单。

（2）可以根据系统的业务逻辑实现更为简单的导航。

（3）事件监听器机制使得其编程更接近于普通的 Java 编程。

（4）转换器和验证器使得信息的输入/输出更为准确。

（5）全球化、国际化更容易得到支持。

（6）系统的总体开发效率更高。

需要指出，虽然 JSF 与 JSP 都是 Java EE 体系中的页面技术，在功能上有较大的重叠，但 JSF 并不是 JSP 的替代技术，两者也不存在冲突。实际上完全可以在同一个项目中同时使用 JSP 页面和 JSF 页面，而如何设计、使用，则完全取决于程序的开发设计。很多软件功能既可以使用 JSP 实现，也可以使用 JSF 实现。

2.2.2 生成一个简单的 JavaServer Faces 框架的 Web 应用

JSF 技术提供了一个容易操作的和用户友好的过程来生成 Web 应用，开发一个最典型的简单的 JavaServer Faces 应用的工作包括：用组件库生成 Web 页面，开发 Backing Bean 并加入托管 Bean 声明，映射 FacesServlet 对象实例。

下面通过一个实例的生成和运行来说明 JSF 框架的组成和运行机理。

（1）创建一个 JSF 框架的 Web 应用项目——“简单问候”。启动 NetBeans IDE，单击主菜单上的“文件”，选择“新建项目”，将弹出“新建项目”对话框。在“类别”一栏中选择“Java Web”，在“项目”一栏中选择“Web 应用程序”，单击“下一步”按钮，将弹出“新建 Web 应用程序”对话框。在“项目名称”中填写项目的名称，本实例采用默认的名称“WebApplication1”，在“项目位置”中填写项目将要存储的位置路径，单击“下一步”按钮，将弹出“服务器和设置”对话框。此处允许程序员添加 Java EE 服务器，如果读者按照第 1 章的安装步骤设置了运行环境，可以跳过此步骤不再添加服务器，单击“下一步”按钮，将弹出“框架”对话框。此处选择“JavaServer Faces”，之后单击“完成”按钮，NetBeans IDE 将完成项目的创建并打开“项目”Tab 页面和文件编辑区，此时可以看到已经有一个名为“index.xhtml”的文件出现在文件编辑区的窗口里。单击“项目”Tab 页面“WEB-INF”节点前面的“+”号，在其下面出现了一个“web.xml”文件名，双击这个文件名，则文件的内容也出现在文件编辑区的另一个窗口里。

（2）创建 Web 项目的启动页面。将程序清单 2.1 的内容复制到“index.xhtml”中，这是这个项目的启动页面。

程序清单 2.1

```
<?xml version='1.0' encoding='UTF-8' ?>
<!DOCTYPE html PUBLIC "-//W3C//DTD XHTML 1.0 Transitional//EN"
  "http://www.w3.org/TR/xhtml1/DTD/xhtml1-transitional.dtd">
<html xmlns="http://www.w3.org/1999/xhtml"
   xmlns:h="http://xmlns.jcp.org/jsf/html"
   xmlns:f="http://xmlns.jcp.org/jsf/core">
    <h:head>
        <title>第一次向大家打招呼! </title>
    </h:head>
    <h:body>
        <h:form>
            <h:graphicImage url=" /resources/image/jiang.jpg" alt="姜志强"/>
            <h2>我是姜志强，请教您的尊姓大名? </h2>
            <h:inputText id="username"
                         title="My name is: "
                         value="#{hello.name}"
                         required="true"
                         requiredMessage="对不起先生，我想您应该告诉我! "
                         maxlength="25" />
            <h:commandButton id="submit" value="提交" action="response">
            </h:commandButton>
            <h:commandButton id="reset" value="重置" type="reset">
            </h:commandButton>
        </h:form>
        <div class="messagecolor">
            <h:messages showSummary="true"
                        showDetail="false"
                        errorStyle="color: #d20005"
                        infoStyle="color: blue"/>
        </div>
    </h:body>
</html>
```

（3）创建 Web 项目的回复页面。用鼠标右击“项目”Tab 页面“Web 页”节点，选择“新建”“XHTML 文件……”，填入文件名称“response”，即创建了一个新的页面“response. xhtml”，将程序清单 2.2 的内容输入其中，这是这个项目的回复页面。

程序清单 2.2

```
<?xml version='1.0' encoding='UTF-8' ?>
```

```
<!DOCTYPE html PUBLIC "-//W3C//DTD XHTML 1.0 Transitional//EN"
    "http://www.w3.org/TR/xhtml1/DTD/xhtml1-transitional.dtd">
<html xmlns="http://www.w3.org/1999/xhtml"
     xmlns:h="http://xmlns.jcp.org/jsf/html"
     xmlns:f="http://xmlns.jcp.org/jsf/core">
    <h:head>
        <title>第一个回应！</title>
    </h:head>
    <h:body>
        <h:form>
            <h:graphicImage url=" /resources/image/jiang.jpg" alt="姜志强"/>
            <h2>你好啊！ #{hello.name}！很高兴认识你！</h2>
            <p></p>
            <h:commandButton id="back" value="返回" action="index" />
        </h:form>
    </h:body>
</html>
```

（4）开发 Backing Bean。Backing Bean 是一个由 JSF 技术管理的 JavaBeans 组件，本身是一个 Java 类。用鼠标右击“项目”Tab 页面“源包”节点，选择“新建”“文件夹……”，输入“Hello”建立文件夹，右击文件夹，选择“新建”“Java 类……”，在对话框中填入类名称“Hello”，即创建了 Backing Bean 类“Hello.java”，将程序清单 2.3 的内容输入其中。

程序清单 2.3

```
package Hello;

import javax.faces.bean.ManagedBean;
import javax.faces.bean.RequestScoped;

@ManagedBean
@RequestScoped
public class Hello {

    private String name;
    public Hello() {
    }

    public String getName() {
        return name;
    }

    public void setName(String user_name) {
        this.name = user_name;
    }
```

```
}
```

（5）映射 FacesServlet 对象实例。最后的工作是实现 FacesServlet 对象映射，这在 Web 部署描述符 web.xml 中完成。典型的 FacesServlet 对象映射代码如程序清单 2.4 所示。

程序清单 2.4

```
<?xml version="1.0" encoding="UTF-8"?>
<web-app version="3.1" xmlns="http://xmlns.jcp.org/xml/ns/javaee"
      xmlns:xsi="http://www.w3.org/2001/XMLSchema-instance"
      xsi:schemaLocation="http://xmlns.jcp.org/xml/ns/javaee
      http://xmlns.jcp.org/xml/ns/javaee/web-app_3_1.xsd">
   <context-param>
      <param-name>javax.faces.PROJECT_STAGE</param-name>
      <param-value>Development</param-value>
   </context-param>
   <servlet>
      <servlet-name>Faces Servlet</servlet-name>
      <servlet-class>javax.faces.webapp.FacesServlet</servlet-class>
      <load-on-startup>1</load-on-startup>
   </servlet>
   <servlet-mapping>
      <servlet-name>Faces Servlet</servlet-name>
      <url-pattern>/faces/*</url-pattern>
   </servlet-mapping>
   <session-config>
      <session-timeout>
         30
      </session-timeout>
   </session-config>
   <welcome-file-list>
      <welcome-file>faces/index.xhtml</welcome-file>
   </welcome-file-list>
</web-app>
```

在 NetBeans IDE 这样的 IDE 环境里，FacesServlet 的映射是自动完成的。“web.xml”文件的上述内容由 IDE 环境自动填写。

图 2.2 所示的是“简单问候”项目的启动页面，可以在完成以上工作并存储文件后，在 NetBeans IDE 中启动服务器，运行这个项目。单击主菜单上的“运行”，选择“运行项目”，或者直接按 F6 键，或者单击图形菜单上的绿色三角图标，“简单问候”就运行了，运行的过程隐含了创建、打包、部署等步骤。此时将“http://localhost:8080/WebApplication1/”输入网络浏览器的地址栏，即可看到项目的启动页面。如果在启动页面上正确输入了名字并单击“提交”按钮，即可看到图 2.3 所示的回复页面。

图 2.2 “简单问候”项目的启动页面

图 2.3 “简单问候”项目的回复页面

在“简单问候”项目中，出现了 XHTML 页面、EL 表达式“#{hello.name}”、Backing Bean 类 Hello，出现了一些带有“h:”的类似于 HTML 标记的标记，如“<h:inputText>”、“<h:commandButton>”等内容，还出现了一个由 IDE 自动生成的 web.xml 文件。“简单问候”项目执行的基本逻辑过程：当项目启动后，用户在启动页面上输入名字并单击“提交”按钮，所输入的名字内容通过“index.xhtml”页面中嵌入文本输入框内的 EL 表达式“#{hello.name}”传递给了 Hello 类的对象实例的“name”属性，当项目向用户输出回应，输出“response.xhtml”页面时，EL 表达式“#{hello.name}”又从 Hello 类的对象实例的“name”属性中读取了内容，传递给“response.xhtml”页面，作为页面内容输出给用户。在这个过程中，EL 表达式“#{hello.name}”起到了传递信息的作用，Hello 类的对象实例起到了存储信息的作用。

一个 Web 应用项目的所有文件将按照固定的文件位置存储，如果打开“WebApplication1”项目的文件夹，可以看到其中包含“src”和“web”两个子文件夹，在“src”中包含“conf”和“java”子文件夹，在“web”中包含“WEB-INF”子文件夹。“java”子文件夹中存储项目内的各种 Java 类，“web”子文件夹中存储页面文件和各种页面资源，“WEB-INF”子文件夹中存储项目内的各种配置文件。在这几个文件夹下面可以根据需要创建子文件夹，本项目就是在“web”子文件夹下面创建了一个名为“resources/image”的子文件夹，用来存放项目中使用的“jiang.jpg”图片文件。

2.2.3 JavaServer Faces 框架的体系结构

JSF 的优势之一就是它既是 Java Web 应用的用户界面标准，又是严格遵循 MVC 设计模式的框架。

标准的 JSF 应用包含以下几部分。

（1）一组由 XHTML 标记描述的 Web 页面。

（2）嵌入 UI 组件中的 EL 表达式。

（3）UI 组件和将 UI 组件加入 Web 页面的标记。

（4）一组 Backing Bean，即为页面中的组件定义了属性和功能的 JavaBeans。

（5）一个 Web 部署描述符，web.xml 文件。

（6）可能出现的一个或多个应用配置资源文件，faces-config.xml 文件，定义页面导航规则和配置 Beans 及其他用户对象。

（7）可能出现的一组用户对象，可以包括组件、转换器、监听器和验证器。

（8）可能出现的一组可以在页面上再现用户自定义对象的用户标记。

当用户在页面上进行某项操作时，如单击了一个按钮，将产生一个事件，事件通知通过 HTTP 发往服务器，服务器端使用名为 FacesServlet 的特殊的 Servlet 对该事件进行处理。JSF 请求必须交给 FacesServlet 来处理，这是在 Web 应用的部署描述符 web.xml 中指定的。

各部分的概念和功能将在本章的后续章节逐一介绍。

2.2.4 JavaServer Faces 框架的 Web 应用的生命周期

Web 应用都有生命周期。一般而言，在 Web 应用的生命周期中，将要完成处理访问请求、解码参数、更改和存储状态、向浏览器展示页面等工作。

JSF 框架的 Web 应用的生命周期开始于客户端对 Web 页面的访问请求，结束于服务器的页面回应。

生命周期包含两个主要阶段：执行阶段和回复阶段。

1. 执行阶段

执行阶段可能发生的行为有：应用视图被生成或存储，请求参数值被应用，实施对组件值的转换和验证，Backing Bean 的属性值被用组件值更新，应用逻辑被行使。

JSF 将请求分为初始请求（initial request）和回发请求（postback request），用户通过单击一个链接（Link）或直接通过浏览器地址栏输入 URL 所发送的请求称为初始请求，用户提交表单或单击了绑定有 action 属性的链接时所发出的请求称为回发请求。如在“简单问候”项目中，用户打开网络浏览器输入“http://localhost:8080/WebApplication1/”到地址栏的请求就是初始请求，用户单击了“提交”按钮的请求就是回发请求。初始请求相当于 GET 请求，回发请求相当于 POST 请求。

对于初始请求，只有视图被生成；对于回发请求，上述其他的行为都可能发生。

2. 回复阶段

回复阶段，请求视图被以客户端应答回复，典型的表现为用 HTML 或 XHTML 生成的能被浏览器所识别的输出页面。

当前面所讲的实例被部署到 GlassFish 服务器中时，将经过以下几个阶段。

（1）当 Web 应用被创建和部署到 GlassFish 服务器中时，应用处于未接纳状态。

（2）当客户端生成一个初始请求给 Web 页面时，Facelets 应用被编译。

（3）编译的 Facelets 应用被执行，一个新的为实例应用生成的组件树被构造出来，放置于 FacesContext 中。

（4）组件树依附于组件，Backing Bean 的属性与其交互，由 EL 表达式{hello.name}再现。

（5）一个基于组件树的新视图被创建。

（6）视图回应作为应答回应客户端请求。

（7）组件树被自动销毁。

（8）在回发请求时，组件树被重新生成，存储的状态被应用。

2.3 XHTML 规范

2.3.1 认识 XHTML 规范

XHTML（eXtensible HyperText Markup Language，可扩展超文本标记语言）是由 W3C 组织制定并公布推行的作为 HTML 向 XML 过渡的技术。

XHTML 是在 SGML（Standard Generalized Markup Language，标准通用标记语言）、HTML（HyperText Markup Language，超文本标记语言）、XML（eXtensible Markup Language，可扩展标记语言）的基础上，由 W3C 按照 XML 1.0 的形式将 HTML 4 重新制定而形成的一种标记语言。

2000 年年底，国际 W3C 组织公布推行了 XHTML 1.0 版本。XHTML 1.0 在 HTML 4.0 基础上进行了优化和改进，去掉了其中一些不合理的元素，使用更加严格的语法规范，其目的是基于 XML 应用，所以 XHTML 是一种增强了的 HTML。确切地说，XHTML 是用 XML 的规则扩展的 HTML，建立 XHTML 的目的就是实现从 HTML 向 XML 的过渡。XHTML 是更严格、更纯净的 HTML 版本。XHTML 的可扩展性和灵活性适应网络应用的更多需求。用一句话来概括 XHTML 的特性，就是“XHTML 是遵循 XML 语法的 HTML”。

XHTML 有以下优点。

（1）XHTML 与 XML 兼容，代码更加简捷和规范，可以使用 XML 工具查看、编辑与验证 XHTML 文件，有利于使用自动处理手段阅读和处理，同时也便于搜索引擎的检索。

（2）XHTML 可以在现有的 HTML 4 用户代理程序中使用，也可以在新的 XHTML 用户代理程序中使用，所以在支持 HTML 的浏览器中与支持新的 XHTML 的浏览器中的表现一样出色。

（3）XHTML 是可扩展的语言，能够包含其他文档类型，既能够利用 XHTML 的文档对象模型（DOM），又能够利用 XML 的文档对象模型，所以 XHTML 可以支持更多的显示设备，这就充分照顾了移动设备和智能家电的使用。

（4）在 XHTML 中，推荐使用 CSS 样式定义页面的外观，并分离了页面的结构和表现，方便利用数据和更换外观。

（5）XML 是 Web 发展的趋势，具有更好的向后兼容性，使用 XHTML 1.0，只要遵守一些简单的规则，就可以设计出既适合 XML 系统，又适合当前大部分 HTML 浏览器的页面。

（6）XHTML 允许用户引入新的标记、增加新的属性。

2.3.2 XHTML 语法规范与 HTML 语法规范的简单比较

XHTML 是代码更为严密、更为规范的 HTML，在以下几个方面与 HTML 的语法规范有比较明显的差异。

（1）XHTML 必须是正规文件，即必须具备以下两个条件：可以包含一个或多个元素，但仅有一对根元素<HTML>、</HTML>；标记必须成对使用，所有元素必须有结束标记，如果没有结束标记，则开始标记用“/>”结束，XHTML 元素对必须是完全嵌套的。

（2）XHTML 标记的标记与属性必须是小写英文字母。

（3）DOCTYPE 声明是必不可少的。在 XHTML 中必须声明文档的类型，以利于浏览器解读当前的文档是哪一种类型。DOCTYPE 声明必须放在文档的第一行，另外，DOCTYPE 声明不是 XHTML 的一部分，也不是文档的一个元素，所以无须加上结束标记。

（4）a、applet、frame、iframe、img、map 中的“name”属性不能在 XHTML 里使用，代之以“id”属性。

（5）<img>、
、<frame>、<meta>、<hr>、<basefont>等空元素必须写成后面带斜线的形式，如
、<img src= " flower3.jpg " />的形式。

（6）<a>、<pre>、<button>、<lable>、<form>等元素的使用应遵循 SGML 的元素限制规定。

（7）XHTML 中的所有属性必须加上英文双引号，如<p align="right">。

（8）XHTML 中的所有属性都必须有一个值，没有值的属性也要用自己的名字作为值。

（9）文件中的 Script 和样式表组件必须声明为 CDATA。

（10）把所有“<”、“>”和“&”特殊符号用编码表示：任何小于号“<”，不是标记的一部分的，都必须被编码为<；任何大于号“>”，不是标记的一部分的，都必须被编码为>；任何与号“&”，不是实体的一部分的，都必须被编码为&。

（11）XHTML 接收十六进制参考字符，形如“ ”即为“空格符”的十六进制表示。

（12）不要在注释内容中使用“--”，“--”只能用于在 XHTML 注释的开头和结束，在内容中它们不再有效。

（13）图片必须有说明文字，为了兼容火狐和 IE 浏览器，对于图片标记，尽量采用“alt”和“title”双标记，单纯的“alt”标记在火狐下没有图片说明。

（14）使用 id 属性代替 name 属性。

2.3.3 XHTML 的页面结构

1. 文档类型声明

文档类型声明由<!DOCTYPE>元素定义，放在页面代码的前两行，不会被显示在浏览器中，其对应的页面代码如下。

```
<!DOCTYPE html PUBLIC " -//W3C//DTD XHTML 1.0 Transitional//EN"
"http://www.w3.org/TR/xhtml1/DTD/xhtml1-transitional.dtd">
```

2. <html>元素和名字空间

<html>元素是 XHTML 文档中必须使用的元素，所有的文档内容都要包含在<html>元素之中。<html>标记和</html>标记分别表示代码的开始和结束。

名字空间是<html>元素的一个属性，写在<html>标记里，其对应的页面代码如下。

```
<html xmlns="http://www.w3.org/1999/xhtml>
```

3. 网页头部元素

网页头部元素<head>是 XHTML 文档中必须使用的元素，用来定义页面头部的信息。其中可以包含标题元素、<meta>元素等。<head>标记和</head>标记分别表示头部元素的开始和结束。

4. 页面标题元素

页面标题元素<title>用来定义页面的标题。<title>标记和</title>标记之间的文字内容是页面的标题信息，将被显示在浏览器的标题栏中。

5. 页面主体元素

页面主体元素<body>用来定义页面的内容。<body>元素中可以包含所有的页面元素。在<body>标记和</body>标记之间的文字内容是被显示在浏览器中的信息。

2.3.4 现行 XHTML 规范

（1）XHTML 1.0 Transitional：过渡型，标识语法要求较宽松。

```
<!DOCTYPE html PUBLIC "-//W3C//DTD XHTML 1.0 Transitional//EN"
"http://www.w3.org/TR/xhtml1/DTD/xhtml1-transitional.dtd">
```

要求非常宽松的 DTD，它允许我们继续使用 HTML 4.01 的标识（但要符合 XHTML 的写法）。

（2）XHTML 1.0 Strict：严格型，标识要求达到以上 XHTML 对于 HTML 的所有改动。

```
<!DOCTYPE html PUBLIC "-//W3C//DTD XHTML 1.0 Strict//EN"
"http://www.w3.org/TR/xhtml1/DTD/xhtml1-strict.dtd">
```

要求严格的 DTD，不能使用任何表现层的标识和属性。

（3）XHTML 1.0 Frameset：框架集定义。

```
<!DOCTYPE html PUBLIC "-//W3C//DTD XHTML 1.0 Frameset//EN"
"http://www.w3.org/TR/xhtml1/DTD/xhtml1-frameset.dtd">
```

专门针对框架页面设计使用的 DTD，如果页面中包含框架，需要采用这种 DTD。

（4）XHTML 1.1：模块化的 XHTML。

（5）XHTML 2.0：完全模块化可定制化的 XHTML。

（6）小型设备设计规范 XHTML Basic 1.1。

20 世纪 90 年代末，NOKIA 公司与移动连接公司（Openwave）为移动数据连接创建了一种新协议 WAP（Wireless Access Protocol，无线访问协议），以及一张新的迷你型标记语言 WML（Wireless Markup Language，无线标记语言）。WAP 使用移动设备专用的特殊网关来连接和接收内容，WML 语言与普通的如 HTML 等 Web 标记有很大的差异。移动设备所能接收的内容与 Web 类似。

其后，多家公司联合组建了开放移动联盟（Open Mobile Alliance），试图建立一个通用的、可以得到广泛采纳的标准，以克服各个公司的私有解决方案所带来的兼容性问题，并普遍改善移动连接的用户体验。几乎与此同时，W3C 提出了一种移动标记规范，其设计目标是进一步规范移动市场，这就是 XHTML Basic。该标准是针对移动用户代理而开发的 XHTML 标记的迷你集。

XHTML Basic 是作为 XHTML 的子集开发的，使用 XHTML 模块化方法来定义。XHTML 模块化是一种创建标记语言的方法，首先定义较小的组件，然后定义如何将这些组件组合到一起形成整个语言。

XHTML Basic 1.1 文档的开头应以下面的方式呈现。

```
<?xml version="1.0" encoding="UTF-8" ?>
<!DOCTYPE html PUBLIC "-//W3C//DTD XHTML Basic 1.1//EN"
"http://www.w3.org/TR/xhtml-basic/xhtml-basic11.dtd">
```

保存 XHTML Basic 1.1 文档时应采用.xhtml 扩展名。

在 XHTML Basic 1.1 中，保留了所有文本格式化元素，包括一些在 HTML 4.01 中已经不建议使用的元素。但在 XHTML Basic 1.1 中不建议使用 style 特性，禁止在标签元素中使用样式定义。另外，由于多数移动设备不支持 JavaScript，所以在任何面向移动用户的文档中都不应使用 JavaScript。应考虑采用服务器端脚本技术 PHP、Perl、Python 等，在服务器后台处理数据，从而在移动设备上呈现动态的、符合 XHTML Basic 标准的文档内容。

2.4 表达式语言

2.4.1 什么是表达式语言

在前面的“简单问候”项目中我们见识了一种能够在 Web 页面和 Backing Bean 之间传递信息的工具——EL 表达式，EL 表达式是表达式语言的一部分。

表达式语言（Expression Language，EL）能够使 Web 层上的组件实现与业务逻辑组件的通信，表达式语言规范出现得比较早，它并不是只为 JSF 规范而制定的。表达式语言既可以用于 JSF 页面，也可以用于 JSP 页面。

表达式语言允许页面程序员使用简单的表达方式动态地访问 JavaBeans 组件数据。概括地说，表达式语言提供了一个途径，可以使用简单的表达式完成以下任务。

（1）动态地读取保存在 JavaBeans 组件中的数据、数据结构和对象。

（2）动态地向 JavaBeans 组件写数据，如用户输入到页面表单并试图存储到 JavaBeans 组件的数据。

（3）调用 JavaBeans 组件中静态的公有方法。

（4）动态实施算法操作。

正是表达式语言的出现，使得 Web 应用中实现了页面和代码的分离，将 Java 执行代码以 JavaBeans 组件的形式单独存储，仅需在页面中的适当位置给出 EL 表达式；同时也将页面上的组件的值与 JavaBeans 组件中的属性值或方法绑定，实现了信息的存储和传递的新方式。

表达式语言的呈现形式是以“#”或“$”符号开头，以一对花括号标记的字符串，通常称为 EL 表达式。EL 表达式按照不同的功能，可以划分为以下几种：即刻求值表达式和延缓求值表达式；值表达式和方法表达式；读值表达式和读写值表达式。

2.4.2 即刻求值表达式和延缓求值表达式

按照计算表达式值的时间，EL 表达式分为即刻求值（Immediate Evaluation）表达式和延缓求值（Deferred Evaluation）表达式，即刻求值意味着在页面提交的同时对表达式求值并返回结果，延缓求值意味着在页面的生命周期中，当对其分配任务时，使用表达式语言的技术能够用其自有的机器在提交稍晚的时间求表达式的值。

即刻求值表达式使用“${}”句法，延缓求值表达式使用“#{}”句法。

JSF 页面中大多采用延缓求值表达式。其他使用 EL 的技术可能会因不同的原因使用延缓求值表达式。

1. 即刻求值

所有使用“${}”句法的表达式会立即求值，这些表达式可被用于模板文本中或作为能接收运行时表达式的标签属性。下面的例子展示了一个标签，其属性值从一个名为 cart 的 session-scoped bean 中引用了一个获取总价格的即刻求值表达式。

```
<fmt:formatNumber value="${sessionScope.cart.total}"/>
```

JSF 实现将求表达式${sessionScope.cart.total}的值，转换并将返回值传到标签使用者。即刻求值表达式通常是只读值表达式，上面的例子无法设置总价格，而只能从 cart bean 中获取总价格。

2. 延缓求值

延缓求值表达式使用“#{}”句法并可以在页面生命周期的其他时段求值，对于 JSF 技术而言，其控制器可以在不同时段计算表达式，以避开服务器处理器的集中计算高峰，这取决于页面中如何使用表达式。在前面的实例中，index.xhtml 页面使用的

```
<h:inputText id="username" title="My name is: " value="#{hello.name}"……
```

就是将文本输入的信息写入到 Hello 类的“name”属性中，而 response.xhtml 页面使用的

```
<h2>你好啊！ #{hello.name}！ 很高兴认识你！ </h2>
```

则是从 Hello 类的“name”属性中读取文本加入页面中。

对于页面的初始请求，JSF 实现将在生命周期的提交响应时段计算#{ hello.name }表达式，在此时段，表达式仅访问该 bean 的“name”值，如同即刻求值中所做的。对于回发请求，JSF 实现将在生命周期的不同时段计算表达式，在此期间，“name”值从请求中检索、验证，并传播给 bean。

延缓求值可以用于值表达式和方法表达式。

2.4.3 值表达式和方法表达式

按照表达式访问 bean 的属性和方法的不同，EL 表达式又可分为值表达式和方法表达式。值表达式可以产生一个值或设置一个值；方法表达式引用一个可调用且返回值的方法。

1. 值表达式

值表达式可分为 rvalue 和 lvalue 两种，前者可以读数据但不能写数据，称为读值表达式；后者可以读写数据，称为读写值表达式。即刻求值表达式通常是 rvalue 表达式；延缓求值表达式可以是 rvalue 表达式或 lvalue 表达式。例如，下面的两个表达式：

```
${ hello.name }
#{ hello.name }
```

前者使用了即刻求值方法，将会访问 name 属性，获取其值，并将这个值加入回复，成为应答页面的一部分；后者使用了延缓求值句法，可以完成前者的功能，只不过可能会稍晚

一些求出表达式的值。

在 JSF 技术中，在页面的初始请求中，#{ hello.name }将会被即刻求值，此时表达式起着 rvalue 表达式的作用；在回发请求中，这个表达式将会用用户输入的值来设置 name 属性，此时表达式为 lvalue 表达式。

值表达式可以用来引用对象。rvalue 和 lvalue 表达式都可以用来引用下列对象及其属性：JavaBeans 组件、集合类、Java SE 枚举类型、隐式对象。引用这些对象，需要用对象实例名字作为变量名放在表达式中，下面的表达式引用了一个名为 customer 的 Backing Bean 组件：

```
${ customer }
```

在此种情况下，Web 容器根据 PageContext.findAttribute 的行为查出变量的值从而求出出现在表达式中的变量的值。例如，在求${customer}的值时，容器将在页面、请求、会话和应用范围中查找 customer 并返回其值，如果没有找到，将返回一个 null。

在表达式中引用枚举型常量时需要使用文字字串，例如，有枚举型定义：

```
public enum Suit {hearts, spades, diamonds, clubs}
```

则 Suit 实例 mySuit 可以写成

```
${mySuit == "hearts"}
```

在这里字符串 hearts 将自动被转换成 Suit.hearts。

值表达式还可以用来引用对象属性。引用 bean 属性、枚举对象属性、集合类成员、隐含对象的描述时，需要使用“.”或“[]”运算符。如引用 hello 类的 name 属性时，可以使用${ hello.name }或${ hello [" name "]}。

访问数组 Array 或列表 List 的成员时，需要使用下标或字串名称，例如：

```
${customer.orders[1]}
${customer.orders.socks}
```

使用${}的表达式可用于静态文本、任何标准和用户标签描述。静态文本中的表达式值被计算并插入到当前输出中。

rvalue 的即刻求值表达式可直接访问非对象值，形如算数运算的结果、文字表达式等，例如：

```
${"literal"}
${true}
${57}
${customer.age + 20}
```

第一个的值是字符串，第二个的值是逻辑值“真”，后面两个的值是算术值。

EL 表达式支持逻辑型、整数型、浮点型、字符串型、Null 型 5 种文字表达式，定义与 Java SE 中的定义相同。

2. 方法表达式

EL 表达式的另一个特征是它支持延缓求值的方法表达式，方法表达式用来调用 Bean 的公有方法以返回一个结果。

在 JSF 技术中，组件标签用来在页面中显示一个组件，组件标签用方法表达式调用实现某些处理过程的方法，这些方法往往对于支持事件、验证组件数据都是必要的。

方法表达式可以使用“.”或“[]”运算符，#{object.method}和#{object["method"]}是等效的表达式。方法表达式只能用于标签属性。

还可以使用参数化的方法调用来调用方法。EL 支持参数化的方法调用，“.”和“[]”也可用来调用带参数的方法。例如：

```
<h:commandButton action="#{trader.buy}" value="buy"/>
```

是调用 trader 类的 buy 方法，而

```
<h:commandButton action="#{trader.buy('SOMESTOCK')}" value="buy"/>
```

则是以 SOMESTOCK 作为参数调用相同的方法。

方法表达式的例子将在后面的章节中给出。

2.4.4 表达式语言语法

1. 标记属性类型

所有类型的表达式都可用于标签属性。所使用的表达式的种类、求值方式都由页面定义语言（Page Description Language，PDL）中的标签定义描述的类型确定。如果想定义用户标签，就要指定接收的表达式类型。

动态描述不能使用#{}句法，延缓描述不能使用${}句法。

2. 文字表达式

文字表达式是值为文本型的表达式，其中不能使用分隔符${}或#{}，如果不可避免地要使用保留字${}或#{}，则要使用如下形式

```
${'${'}exprA}或#{'#{'}exprB}
```

结果将是${exprA}和#{exprB}。还可以使用

```
\${exprA}或\#{exprB}
```

的形式，结果也将是${exprA}和#{exprB}。

布尔型和数字型表达式，将被正确转换为相应的类型。

3. 运算符

EL 表达式提供了如下一些运算符，这些运算符只能用于 rvalue 表达式，如表 2.1 所示。

表 2.1　EL 表达式提供的运算符

优先级	运算符	类别	作用
1	[]		下标运算符
	.		取成员运算符
2	()		优先级运算
3	-（一元）	算术运算符	一元减
	not 或!	逻辑运算符	逻辑非
	empty	空运算符	判断是否为空
4	*	算术运算符	算术乘法
	/或 div	算术运算符	算术除法
	%或 mod	算术运算符	算术求余
5	+	算术运算符	算术加法
	-（二元）	算术运算符	算术减法

（续表）

<table>
<tr><th>优 先 级</th><th>运 算 符</th><th>类 别</th><th>作 用</th></tr>
<tr><td rowspan="4">6</td><td><或 lt</td><td>关系运算符</td><td>判断是否小于</td></tr>
<tr><td>>或 gt</td><td>关系运算符</td><td>判断是否大于</td></tr>
<tr><td><=或 ge</td><td>关系运算符</td><td>判断是否小于或等于</td></tr>
<tr><td>>=或 le</td><td>关系运算符</td><td>判断是否大于或等于</td></tr>
<tr><td rowspan="2">7</td><td>==或 eq</td><td>关系运算符</td><td>判断是否等于</td></tr>
<tr><td>!=或 ne</td><td>关系运算符</td><td>判断是否不等于</td></tr>
<tr><td>8</td><td>and 或&&</td><td>逻辑运算符</td><td>逻辑与</td></tr>
<tr><td>9</td><td>or 或||</td><td>逻辑运算符</td><td>逻辑或</td></tr>
<tr><td>10</td><td>? :</td><td>条件运算符</td><td>三元条件运算</td></tr>
</table>

4. 保留字

以下字符串是 EL 表达式的保留字，如表 2.2 所示。

表 2.2　EL 表达式的保留字

and	or	not	eq
ne	lt	gt	Le
ge	true	false	null
instanceof	empty	div	mod

2.5　UI 标签组件技术

UI 标签组件技术是 JavaServer Faces 规范中最为重要的核心组件。

2.5.1　JavaServer Faces 标签库及组件 API

JavaServer Faces 规范在其参考实现中提供了一组基本的 UI 组件，包括两个组件库：

- JavaServer Faces HTML render kit tag library
- JavaServer Faces core tag library

JavaServer Faces HTML render kit tag library 中的组件映射了标准的 HTML 输入元素，能够提供普通 HTML 用户界面的组件，这些组件与 HTML 中定义的标签组件对应，外观也基本一致，基本上可以替代传统的 HTML 组件。库中的绝大部分组件都定义有相应的类，这些类都存储在 javax.faces.component.html 包中，可以参照相关的 API 文档了解各个组件的具体功能。JavaServer Faces core tag library 库中的组件辅助常见的应用程序开发任务，支持事件处理机制，定义了实施验证输入数据和转换输入数据和国际化等核心动作标记并独立于特定的渲染组件。这个库中的所有组件的标记都是带有“f:”的。

2.5.2　创建 JSF 页面和使用 UI 组件

1. 创建 JSF 页面

创建 XHTML 页面，添加 JSF 组件到 Web 页面时，需要提供对这两个标准标签库的访问，具体说就是需要在页面上给出以下的指令：

```
<html xmlns="http://www.w3.org/1999/xhtml"
xmlns:h="http://xmlns.jcp.org/jsf/html"
xmlns:f="http://xmlns.jcp.org/jsf/core">
```

2. 向 JSF 页面中添加 HEAD 标记、BODY 标记和表单标记

可以用一对标记“<h:head>”和“</h:head>”向 JSF 页面中添加 HEAD 标记，用以代替 HTML 中的“<head>”和“</head>”，用一对标记“<h: body>”和“</h: body>”向 JSF 页面中添加 BODY 标记，用以代替 HTML 中的“<body>”和“</body>”，两组标记运行后的页面显示效果与 HTML 标记相同。

可以用一对标记“<h:form>”和“</h:form>”向 JSF 页面中添加输入表单，这在 JSF 交互页面中是常用的。

3. 在 JSF 页面中使用 JavaServer Faces HTML render kit tag library 中的 UI 组件

在 JavaServer Faces HTML render kit tag library 中定义了 25 个 UI 组件，定义了相应的标签（Tag），表 2.3 给出了这 25 个 UI 组件的标签、对应类和功能描述。这个库中的所有组件的标记都是带有“h:”的。

表 2.3　JSF 的 HTML 标签、对应类和功能描述

标　签	对 应 类	功 能 描 述
<h:column>	HtmlColumn	数据表列
<h:commandButon>	HtmlCommandButton	提交重置或下压按钮组件
<h:commandLink>	HtmlCommandLink	下压式链接组件
<h:dateTable>	HtmlDataTable	数据表组件
<h:graphicImage>	HtmlGraphicImage	显示图像
<h:inputFile>	HtmlInputFile	上传文档文件
<h:inputHidden>	HtmlInputHidden	隐藏字段
<h:inputSecret>	HtmlInputSecret	密码输入组件
<h:inputText>	HtmlInputText	单行文本输入组件
<h:inputTextarea>	HtmlInputTextarea	多行文本输入组件
<h:message>	HtmlMessage	显示组件最新的消息
<h:messages>	HtmlMessages	显示组件所有的消息
<h:outputFormat>	HtmlOutputFormat	格式化输出复合消息
<h:outputLabel>	HtmlOutputLabel	输出标签组件
<h:outputLink>	HtmlOutputLink	到其他页面的链接组件
<h:outputText>	HtmlOutputText	单行文本输出组件
<h:panelGrid>	HtmlPanelGrid	表格布局
<h:panelGroup>	HtmlPanelGroup	多个组件集
<h:selectBooleanCheckbox>	HtmlSelectBooleanCheckbox	复选框组件
<h:selectManyCheckbox>	HtmlSelectManyCheckbox	复选框集组件
<h:selectManyListbox>	HtmlSelectManyListbox	复选列表组件
<h:selectManyMenu>	HtmlSelectManyMenu	复选菜单组件
<h:selectOneListbox>	HtmlSelectOneListbox	单选列表组件
<h:selectOneMenu>	HtmlSelectOneMenu	单选菜单组件
<h:selectOneRadio>	HtmlSelectOneRadio	单选按钮集组件

同时也定义了若干个属性（Attribute），实际在 JSF 页面中使用时，通过标签和属性在 XHTML 页面上实现对 UI 组件的描述，使得 UI 组件能够通过组件呈现器在 Web 页面上呈现。表 2.4 给出了上述 25 个 HTML 标签的通用属性，这些属性在绝大多数的 HTML 标签组件中都可以使用。

表 2.4　JSF 的 HTML 标签的通用属性

属　性	功　能
id	为 UI 组件定义一个唯一标识
immediate	取"true"或"false"，指定是否立即处理组件上发生的事件
binding	指定将组件绑定到托管 Bean 的某个属性
value	定义值表达式表单中的组件的值
rendered	定义一个条件，符合条件时绘制组件，否则组件隐形
style	为标签指定一个层叠样式表（CSS）
styleClass	为标签指定一个含有样式定义的层叠样式表（CSS）类

在这些通用属性中，除了"id"属性，其他属性都可以访问 EL 表达式或用 EL 表达式赋值。这是 EL 表达式在 JSF 页面中呈现的主要方式。

<h:inputHidden>、<h:inputSecret>、<h:inputText>、<h:inputTextarea> 4 个标签代表的组件统称为文本输入组件，这些组件除可以使用通用属性外，还可以使用一些输入操作所专有的属性，如表 2.5 所示。

表 2.5　JSF 的 HTML 标签的输入组件属性

属　性	功　能
converter	为输入组件指定一个转换器
converterMessage	定义组件注册转换器失败时要显示的错误信息
dir	取"ltr"或"rtl"，指定组件内容显示是"左向右"或"右向左"
label	为输入组件定义名字，便于在错误信息中标明组件
lang	为输入组件指定语言编码
required	取逻辑值，向用户指明是否必须向该组件输入值
requiredMessage	定义用户不向该组件输入值时要显示的错误信息
validator	指定一个能验证输入信息的托管 Bean 方法的方法表达式
validatorMessage	定义组件注册验证器失败时要显示的错误信息
valueChangeListener	指定一个能担当值改变事件监听器的托管 Bean 方法的方法表达式

可以利用这些属性为输入组件指定转换器、验证器、值改变事件监听器等，还可以加载一些提示性信息。

<h:outputFormat>、<h:outputLabel>、<h:outputLink>、<h:outputText> 4 个标签代表的组件统称为文本输出组件，这些组件除可以使用通用属性外，还可以使用一个特别的属性"converter"，其作用与表 2.5 中的"converter"一样，为输出组件加载一个转换器，让组件把信息按照转换后的方式输出。

<h:commandButon>标签代表的组件为按钮，<h:commandLink>标签代表的组件可以呈现一个链接，统称为命令组件。这两个标签还可以使用"action"属性，用以指定一个方法表

达式，指向一个可以输出逻辑值的 Bean 方法成员；使用“actionListener”属性为命令组件指定一个动作事件监听器。

<h:graphicImage>标签代表的组件可以在页面中输出图像。

<h:panelGrid>和<h:panelGroup>标签代表的组件是完整的表格，可以把信息按照组织好的格式显示。<h:panelGrid>中可以使用“columns”、“columnClasses”、“footerClass”、“headerClass”、“panelClass”、“rowClasses”、“role”等属性，<h:panelGroup>中可以使用“layout”属性。

<h:selectBooleanCheckbox>、<h:selectOneListbox>、<h:selectOneMenu>、<h:selectOneRadio>标签代表的组件可以实现单选功能，<h:selectManyCheckbox>、<h:selectManyListbox>、<h:selectManyMenu>标签代表的组件可以实现多选功能。

<h:dataTable>标签代表的组件可以显示一个 HTML 表格，是一个表格组件，用以显示关系式数据库中的数据信息，如从数据库表中查到的数据结果等。表 2.6 给出了这个标签能使用的专有属性。

表 2.6　JSF 的 HTML 标签的表格组件属性

属　性	功　能
captionClass	表格标题
columnClasses	指明所有的列
footerClass	表格脚标
headerClass	表头
rowClasses	表行
styleClass	整个表

<h:message>和<h:messages>标签代表的组件用来显示当转换器和验证器失效时的错误信息。程序清单 2.5 的程序片段给出了使用范例。

程序清单 2.5

```
<p>
<h:inputText id="patientAge"
title="please input patient age:"
value="#{patientBean.age}">
<f:validateLongRange minimum="#{ patientBean.ageminimum}"
maximum="#{ patientBean.agemaximum}"/>
</h:inputText>
<h:commandButton id="submit" value="Submit"
action="response"/>
</p>
<h:message showSummary="true" showDetail="false"
style="color: #d20005;
font-family: 'New Century Schoolbook', serif;
font-style: oblique;
text-decoration: overline"
id="errors1"
```

```
for="userNo"/>
```

其中的“for”属性指定了发生错误的组件。

4. 在 JSF 页面中使用 JavaServer Faces core tag library 中的 UI 组件

在 JavaServer Faces core tag library 中定义的标签按照功能可以分成几组，表 2.7 到表 2.12 给出了这几组标签。这个库中的所有组件的标签都是带有“f:”的。

表 2.7　JSF 的与事件监听有关的 core 标签

标　签	功　能
<f:actionListener>	向组件添加动作监听器
<f:setPropertyActionListener>	添加设置属性的动作监听器
<f:valueChangeListener>	向组件添加值改变监听器
<f:phaseListener>	向父视图添加阶段监听器

这几个标签的使用方法将在后面讲授事件监听器时给出。

表 2.8　JSF 的与验证器有关的 core 标签

标　签	功　能
<f:validator>	向组件添加验证器
<f:validateDoubleRange>	验证组件值的双精度范围
<f:validateLength>	验证组件值的长度
<f:validateLongRange>	验证组件值的长整型范围
<f:validateRequired>	检查值是否存在
<f:validateRegex>	对照规则表达式验证值
<f:validateBean>	使用 Bean 验证 API 进行验证

表 2.9　JSF 的与数据转换有关的 core 标签

标　签	功　能
<f:converter>	向组件添加任意转换器
<f:convertDateTime>	向组件添加日期时间转换器
<f:convertNumber>	向组件添加数字转换器

表 2.8 和表 2.9 中的标签的使用方法将在后面讲授验证器和转换器时给出。

表 2.10　JSF 的与列表选项有关的 core 标签

标　签	功　能
<f:selectitem>	为选定的一个或多个组件指定一个项
<f:selectitems>	为选定的一个或多个组件指定项

表 2.11　JSF 的与 Facet 有关的 core 标签

标　签	功　能
<f:facet>	向组件添加一个嵌套组件，该组件与它的封闭标签有特殊关系
<f:metadata>	向父组件注册一个 Facet

表 2.12　JSF 的杂项 core 标签

标　签	功　能
<f:attribute>	在父组件中设置属性
<f:loadBundle>	加载资源包存储属性为 Map
<f:param>	向父组件添加参数子组件
<f:ajax>	支持组件的 ajax 行为
<f:event>	向组件添加组件系统事件监听器 ComponentSystemEventListener

2.5.3　生成用户 UI 组件

除提供标准的 UI 组件外，JSF API 还提供了扩展和创建定制 JSF UI 组件的功能。任何用户都可以按照一套标准的流程开发属于自己的组件库，并且称这样的组件为用户化 UI 组件（Custom UI Component）。这个功能主要是为了满足在 Web 应用程序的开发设计过程中，为获得更为合乎设计要求的页面而导致的大量的组件需求。

采用 JavaServer Faces 技术生成用户化组件的步骤如下。

（1）生成用户组件类。

（2）如果组件不处理回复，则将回复委托给回复器。

（3）注册组件。

（4）如果组件是能生成事件的，则生成事件处理器。

（5）借助于扩展 javax.faces.webapp.UIComponentELTag 类，写标签处理器类。此种类中需要三个方法：getRendererType 方法返回用户回复器的类型；getComponentType 方法返回用户组件类型；setProperties 方法设置组件中的新属性。

（6）生成定义用户标签的组件标签库描述。

1. 生成用户组件类

组件类定义了 UI 组件的属性和行为，属性信息包括组件的类型、标识符和本地值，行为包括解码、编码、存储组件的状态、用本地值更新 bean 的值、处理本地值的检验、给事件排队。

在编写用户组件类时，javax.faces.component.UIComponentBase 类起着十分关键的作用，这个类被定义为使用 JSF 技术开发用户界面类的基础类，所有表现标准组件的类都是从这个类派生的，其中定义了一些组件的默认行为。用户组件类必须直接扩展 UIComponentBase 类，或者扩展自某个标准组件类。同时，用户组件类还应实现下面的行为接口中的一个或多个：ActionSource 接口、ActionSource2 接口、EditableValueHolder 接口、NamingContainer 接口、StateHolder 接口、ValueHolder 接口。实际上标准组件也都是实现了上述接口中的至少一个接口，其中的 StateHolder 接口由于在 UIComponentBase 类中已经被实现了，所以所有的标准组件都已经实现了这个接口。

在回应阶段，JSF 处理所有组件的编码方法和视图上的辅助回应器，编码方法将当前组件的本地值转换为回应中对应的标记。在 UIComponentBase 类中定义了一组这样的方法：encodeBegin、encodeChildren 和 encodeEnd。程序清单 2.6 的实例就是一个实现 encodeBegin 方法和 encodeEnd 方法的例子。

程序清单 2.6

```
public void encodeBegin(FacesContext context,
      UIComponent component) throws IOException {

   if ((context == null)|| (component == null)){
      throw new NullPointerException();
   }
   MapComponent map = (MapComponent) component;
   ResponseWriter writer = context.getResponseWriter();
   writer.startElement("map", map);
   writer.writeAttribute("name", map.getId(),"id");
}

public void encodeEnd(FacesContext context) throws IOException {
   if ((context == null) || (component == null)){
      throw new NullPointerException();
   }
   MapComponent map = (MapComponent) component;
   ResponseWriter writer = context.getResponseWriter();
   writer.startElement("input", map);
   writer.writeAttribute("type", "hidden", null);
   writer.writeAttribute("name", getName(context,map), "clientId");
   writer.endElement("input");
   writer.endElement("map");
}
```

如果组件要想将回复委托给某个回复器，则应在代码中加上检测回复器是否存在这样的代码，如程序清单 2.7 所示。

程序清单 2.7

```
if (getRendererType() != null) {
   super.encodeEnd(context);
   return;
}
```

除要实现编码方法外，一些用户组件还需要实现其他一些方法，如要从请求参数中检索组件值，就必须实现 decode 方法，称为解码。解码是从请求参数中获取组件本地值的过程，用户组件只有在需要挽回本地值时才需要实现 decode 方法。

实现 decode 方法的例子如程序清单 2.8 所示。

程序清单 2.8

```
public void decode(FacesContext context, UIComponent component) {
```

```
    if ((context == null) || (component == null)) {
        throw new NullPointerException();
    }
    MapComponent map = (MapComponent) component;
    String key = getName(context, map);
    String value = (String)context.getExternalContext().
        getRequestParameterMap().get(key);
    if (value != null)
        map.setCurrent(value);
    }
}
```

在用户组件中，还可以实现事件处理机制。

2. 定义用户组件标签

使用用户组件标签，需要在TLD（Tag Library Descriptor，标签库描述符）文件中声明，TLD文件定义了怎样在JavaServer Faces页面中使用用户组件标签，Web容器用TLD文件检验标签。每个标签最低限度要有名字和命名空间在TLD文件中体现，TLD文件名称应以taglib.xml结尾，如下面的TLD文件就被命名为“mytaglib.xml”，其内容应包含如程序清单2.9所示代码的内容。

程序清单2.9

```
<facelet-taglib>
        <namespace>
            <tag>
                <tag-name> </tag-name>
                <component> </component>
            </tag>
        </namespace>
</facelet-taglib>
```

还可以添加其他描述和描述类型到每个组件的“tag”单元中，每个单元定义一个标签描述，定义了接收哪种数值类型、回复哪种表达式等。

3. 编写用户监听器、转换器、验证器

编写用户监听器的过程包括让用户组件成为事件源和编写事件监听器。JSF技术支持处理组件的action events事件和value-change events事件。若一个组件实现了ActionSource接口的话，当其被激活时就会发生ActionEvent事件；若一个组件实现了EditableValueHolder接口的话，当其组件值被用户改变时就会发生ValueChangeEvent事件。所以让用户组件成为事件源的办法就是根据所定义的组件特性，在用户组件类中实现上述接口，其语法遵循Java SE的语法。两种事件发生时分别要用对应的监听器实现来处理，这与在Java SE程序中的方式一样，需要在Backing Bean类中实现监听器接口来构造事件监听器。

编写用户组件的转换器和验证器的办法没有特殊之处，将在后面介绍编写转换器和验证器时讲述。

4. 注册自定义组件

用户组件编写完成后，需要在应用配置资源文件中注册组件，然后才可以在页面中使用用户组件，注册的方法是在应用配置资源文件中利用<component>元素实现，在其中用元素的子元素说明组件名、组件类名、组件的若干属性。

2.6 Backing Bean

2.6.1 什么是 Backing Bean

Backing Bean 是 JavaServer Faces 规范中最为重要的核心组件，是托管 Bean 的一种。

Backing Bean 在 JSF 框架中与页面结合，起着十分重要的信息存储和信息处理的作用。它的两个基本功能是：提供一组属性与 JSF 页面上的 UI 组件对应；提供一组对页面上的 UI 组件执行某些功能的方法。通常情况下，Backing Bean 的属性与特定 Web 页面上的组件或组件属性绑定，或者与事件监听器、转换器、验证器绑定。绑定的方式通常是借助 EL 表达式，包括值表达式，也包括方法表达式。在一个 JSF 框架的 Web 应用项目中，会根据设计要求定义若干个 Backing Bean。这里的"Backing"表示它是处在 JSF 页面"背后"的 Bean。从性质和分类上说，Backing Bean 是一种托管 Bean（Managed Bean），这在前面的实例中我们已经看到了。JSF 框架对于 Backing Bean 的要求是比较宽松的，它完全可以是普通的 POJO（Plain Old Java Object，普通的 Java 对象），即对其类的构成没有特别要求的普通的 Bean。

在讲述前，简要回顾一下 JavaBeans 的基本定义：一个 JavaBeans 组件是一个 Java 类，没有必须被要求继承的类或接口，有些 JavaBeans 中根据需要实现了 java.io.Serializable 接口而成为"可序列化"的组件。在 JavaBeans 类中应提供一个无参的构造方法，且为其中的属性设置并使用 setter 和 getter 实现对属性的操作。

定义 Backing Bean 的方式与定义普通的 JavaBeans 的方式相近，都是定义一个类。这个类要求具备一个无参的构造方法，然后再定义属性和方法。特殊的地方在于 Backing Bean 类需要用元注释"@ManagedBean"修饰类，以表明这是托管 Bean，还要用"@RequestScoped"元注释或同样功能的其他几个元注释修饰类，以说明这个类的范围。这些元注释已经定义在 Java EE 的类库中，在 Backing Bean 的代码中要有相应的 import 语句导入。在程序清单 2.3 中已经看到了一个简单的 Backing Bean 的定义。

2.6.2 Backing Bean 中的属性

Backing Bean 中的属性可以是任何 Java 语言支持的基本数据类型或复合数据类型，它可以被绑定到一个组件属性，或者一个组件，或者一个监听器，或者一个数据转换器，或者一个验证器。通过 EL 表达式绑定时，Backing Bean 中的属性与组件属性或组件的类型必须保持一致，必须能够接收监听器、转换器、验证器传递的类型，也必须能够传递监听器、转换器、验证器能够接收的类型，否则在执行代码时会导致异常和错误的发生。

2.6.3 Backing Bean 中的方法

Backing Bean 中的方法可以包括定义 Bean 所要求的方法，包括无参的构造方法和重载的构造方法，包括每个属性的 getter 和 setter，包括对组件或组件上的属性进行操作的方法，还可以包括实施导航的方法、Action 事件的监听方法、Value-Change 事件的监听方法、验证器方法等。具体的实例会在后面的章节中讲述。另外，Backing Bean 中根据需要还可以定义与数据库有关的方法。

2.7 导航

导航规则（Navigation Rule）也是 JavaServer Faces 规范中最为重要的核心组件。

2.7.1 什么是导航

在 JSF 框架下，导航是一组规则，用于选择在如单击按钮或链接时等应用程序操作之后显示的下一页或视图。实用的 Web 应用系统通常会包含多个视图页面，运行中会根据需要流转呈现。导航指的就是在页面之间的连接和对用户的引导。

导航的实现有两种方式：初级的方法就是直接在页面上给出超级链接，这是在 HTML 中已经使用的方式；高级的方法就是利用应用配置资源文件配置导航规则，在应用系统执行过程中根据导航规则和应用系统执行情况选择正确的页面，这是交互式 Web 应用系统，包括 JSF 框架下的 Web 应用系统所采用的方法。

2.7.2 部署描述符文件和应用配置资源文件

在 JSF 应用程序系统中，可以通过部署描述符文件 web.xml 和应用配置资源文件实现页面之间的导航。部署描述符文件和应用配置资源文件都是 XML 格式的文件。

部署描述符文件 web.xml 通常存放在 JSF 项目的/WEB-INF/文件夹下，在前面的“简单问候”实例中已经出现过这个文件。部署描述符文件必须以

```
<?xml version="1.0" encoding="UTF-8"?>
```

开头，表示这是一个 XML 文档，随后必须紧跟一个元素标记

```
<web-app version="3.1" xmlns="http://xmlns.jcp.org/xml/ns/javaee"
        xmlns:xsi="http://www.w3.org/2001/XMLSchema-instance"
        xsi:schemaLocation="http://xmlns.jcp.org/xml/ns/javaee
        http://xmlns.jcp.org/xml/ns/javaee/web-app_3_1.xsd">


</web-app>
```

用来容纳诸多部署描述符。

在部署描述符文件中，含有若干部署描述符标记对，这些标记对各自具有确定的含义，在程序清单 2.4 中，给出的是由 NetBeans IDE 自动生成的部署描述符文件，其中的标记对都是必不可少的。还可以根据系统的需要，向其中加入其他标记对。

在 JSF 框架下，提供了一个默认的核心控制器 javax.faces.webapp.FacesServlet，这是由

Java EE 的 API 提供的，JSF 应用的运行都由其控制。文件中出现的<welcome-file-list>配置元素对描述的是当用户在浏览器中输入不包含某个 servlet 名或 JSF 页面名的 URL 时，将首先显示的页面的列表，而<welcome-file>子元素则描述首先显示的页面。<welcome-file>子元素可以出现多个，多个此子元素出现的结果就是 JSF 应用将按照顺序，在第一个页面没有显示成功时，依次选择后续的页面。<servlet>元素和<servlet-mapping>元素是用来配置 FacesServlet 核心控制器的。

应用配置资源文件一般命名为 faces-config.xml，存储到/WEB-INF/文件夹下。JSF 框架允许开发人员在系统中使用多个应用配置资源文件。应用配置资源文件可以用 faces-config.xml 名称存储到/WEB-INF/文件夹下，也可以另外存储到/WEB-INF/lib/META-INF/文件夹下，此外，开发者可以使用任何以 faces-config.xml 结尾的文件名作为应用配置资源文件名，这些都是能够被系统接收的，如 my-faces-config.xml。

应用配置资源文件必须以

```
<?xml version="1.0" encoding="UTF-8"?>
```

开头，表示这是一个 XML 文档，随后必须紧跟一个元素标记

```
<faces-config version="2.2" xmlns="http://xmlns.jcp.org/xml/ns/javaee"
xmlns:xsi="http://www.w3.org/2001/XMLSchema-instance"
xsi:schemaLocation="http://xmlns.jcp.org/xml/ns/javaee
http://xmlns.jcp.org/xml/ns/javaee/web-facesconfig_2_2.xsd">
...
</faces-config>
```

应用配置资源文件中最常用的元素<navigation-rule>就是配置导航规则的，程序清单 2.10 所示的是这个元素的使用实例。

程序清单 2.10

```
<navigation-rule>
    <from-view-id>/talent/*</from-view-id>
    <navigation-case>
        <from-action>#{PeopleBean.add}</from- action>
        <from-outcome>display</from-outcome>
        <to-view-id>/talent/show.jsf</to-view-id>
    </navigation-case>
    <navigation-case>
        <from-outcome>success</from-outcome>
        <to-view-id>/talent/success.jsf </to-view-id>
    </navigation-case>
</navigation-rule>
```

<from-view-id>子元素定义导航规则将从哪个页面开始，其中的“*”是通配符，代表所有符合通配条件的页面，该元素不出现则意味着导航规则对所有页面有效。

<navigation-case>子元素可以出现多个，定义导航规则到达的目的选项，出现多个是要表明根据不同的条件到达不同的目的地。

<from-action>子元素定义一个方法表达式，表明只有由这里给出的 Bean 处理用户请求

时才会选择进入这个目的选项。

<from-outcome>子元素定义了一个逻辑结果，这个结果可能是前面的方法表达式返回的，也可能是一个组件返回的，作为选择后续页面的根据。

<to-view-id>子元素定义确切的后续页面。

应用配置资源文件中还有表 2.13 所收录的常用的配置元素，在后续章节中将介绍有关元素的使用。

表 2.13 应用配置资源文件的配置元素

元　素	功　能
<managed-bean>	用于托管 Bean 相关配置
<application>	用于管理 JSF 应用相关配置
<referenced-bean>	配置被引用 Bean
<converter>	注册自定义转换器
<validator>	注册自定义输入校验器
<component>	注册自定义组件
<render-kit>	注册自定义组件绘制器和绘制器包
<phase-listener>	注册生命周期监听器
<factory>	配置实例化 JSF 核心类的工厂

JSF 架构允许多个应用配置资源文件同时存在于应用系统中，这样的情况称为多重应用配置资源文件。多重应用配置资源文件情况出现时需要确定这些应用配置资源文件的加载顺序。确定的办法有确定绝对顺序和相对顺序两种方式。绝对顺序由<absolute-ordering>元素定义，相对顺序由<ordering>元素和<before>、<after>子元素定义。

2.7.3 静态导航

静态导航比动态导航要简单一些，程序清单 2.11 所示的 JSF 页面片段中使用了两个文本输入组件<h:inputText>实例和一个按钮组件<h:commandButton>实例，按钮的“action”属性被设置为“success”，结果是只要单击按钮组件，都将给出“success”，之后如果给出如程序清单 2.10 所示的第二个<navigation-case>的导航配置，则只要单击按钮，都将显示“success.jsf”页面。

程序清单 2.11

```
<h:form id="loginForm">
    用户名: <h:inputText value="#{login.username }"></h:inputText>
    密码: <h:inputText value="#{login.password }"></h:inputText>
    <h:commandButton action="success" value="登录"></h:commandButton>
</h:form>
```

2.7.4 动态导航

动态导航是在如程序清单 2.11 所示的 JSF 页面中，将按钮的“action”属性设置为 Backing

Bean 方法表达式，这样当单击按钮时将触发调用所设置的方法，之后根据方法的返回值确定导航的后续页面，动态导航是更为常用的导航方法。

2.8 JavaServer Faces 事件处理机制

2.8.1 JavaServer Faces 的事件与事件处理

JSF 框架体系一个重要的变革就是将 Java 标准版 GUI 组件的事件处理机制引入到 JSF 标准组件库组件中，使得 Web 应用的页面交互处理能力大大增强。因为编写 Web 组件的操作和处理过程更像是在编写 Application 程序中的 GUI 程序设计，程序员也更容易上手，所以这项变革非常受 Java 程序员的欢迎。与在 Java 标准版的 GUI 设计中的事件处理机制一样，JSF 的事件处理机制也定义了事件源、事件和事件监听器。JavaServer Faces HTML render kit tag library 中的一些组件在定义类时，实现了事件源接口，因此有了事件源的属性，在这样的组件上进行操作，就可以触发相应的事件，通过事件监听器来监听，实现程序代码的驱动。

2.8.2 事件与监听器 API

在 JSF 中，定义了事件 API，包括一些常见的事件和事件监听器。这些 API 大部分存放在 javax.faces.event 包中，个别的 API 存放在其他包中。常见的 JSF 事件有 ActionEvent、ValueChangeEvent、PhaseEvent，对应的监听器名称为 ActionListener、ValueChangeListener、PhaseListener。

ActionEvent 是用硬件设备单击组件发生的事件，这与 Java GUI 中的 ActionEvent 基本相同。在 JSF 的 HTML 组件中能够发生 ActionEvent 的组件是命令组件，即<h:commandButon>标签代表的按钮组件、<h:commandLink>标签代表的链接按钮。ActionListener 接口中只定义了一个方法：

```
void processAction(ActionEvent event)
```

ValueChangeEvent 是组件上的输入值发生改变的事件，能够发生 ValueChangeEvent 的组件是<h:inputHidden>、<h:inputSecret>、<h:inputText>和<h:inputTextarea> 4 个标签代表的输入组件。ValueChangeListener 接口中也只定义了一个方法：

```
void processValueChange(ValueChangeEvent event)
```

PhaseEvent 是 JSF 的请求执行到反应的 6 个阶段中每个阶段的前后会引发的事件，是 JSF 自身发生的事件，可以通过对这个事件的检测获取信息，判定 JSF 的请求进行到哪个阶段。PhaseListener 中定义了 3 个方法：

```
void afterPhase(PhaseEvent event)     定义特定的请求处理生命周期阶段之后的操作
void beforePhase(PhaseEvent event)    定义特定的请求处理生命周期阶段之前的操作
PhaseId getPhaseId()                  获取请求处理生命周期的阶段标记
```

2.8.3 实现监听器的两种方式

可以像在 Java Application 程序中一样地在 Web 应用程序中实现监听器（Listener），既可以利用单独的类实现监听器，又可以利用 Backing Bean 方法实现监听器。

1. 利用单独的类实现监听器

利用单独的类实现监听器的方式与 Java 标准版的 GUI 程序设计中所要求的基本一致，就是用一个类实现监听器，也就是实现相关的监听器接口，并且实现接口中的方法。

2. 用 Backing Bean 的方法实现监听器

JSF 事件处理机制的一个新变化就是除传统的实现监听器的方法外，还可以定义一个专门的 Backing Bean 的方法实现监听器。这个方法不要求 Backing Bean 实现相关的监听器接口，而仅需在专门的方法中使用特定的事件对象当成形式参数，方法的方法头即方法签名为如下形式，方法的名称也没有限制。

```
public viod xxxx(ActionEvent event)
public viod xxxx(ValueChangeEvent event)
```

这就是实现 ActionListener、ValueChangeListener 的方法签名的形式。

2.8.4 在组件上注册监听器

在 Java 标准版的 GUI 程序设计中，都是使用形如 addXxxxListener()的方法向组件注册监听器的，在 JSF 事件处理机制中，则是采用标签和属性两种方式注册监听器的。所使用的标签就是我们在表 2.7 中看到的几个与事件监听有关的 core 标签。

1. 在组件上注册 ActionListener

如果是利用单独的类实现 ActionListener，则采用在命令组件标签中插入<f:action Listener>标签的方法，将监听器实现类的类名写在<f:actionListener>的“type”描述后面。有一个问题需要注意，JSF 页面是 XHTML 格式，要求每个标签都要有结束标记，没有结束标记的要在“>”之前加一个“/”，<f:actionListener>标签是没有结束标记的，所以在页面中应为其加一个“/”。如果类的存储位置不是项目的根目录，则在类名前给出存储的包名。程序清单 2.12 中的代码将 Listeners 包中的 LocaleChange 类实现的 ActionListener 监听器注册到了一个超级链接“commandLink”上。

程序清单 2.12

```
<h:commandLink id="NAmerica" action="bookstore">
    <f:actionListener type="listeners.LocaleChange"/>
</h:commandLink>
```

如果监听器实现某个 Backing Bean 方法，则可以考虑用命令组件标签的“actionListener”属性注册 ActionListener，这个属性在 2.5 节提到过。程序清单 2.13 则将 Backing Bean 类 cashierBean 中的 submit 方法实现的 ActionListener 监听器注册到了按钮“commandButton”上。

程序清单 2.13

```
<h:commandButton value="#{bundle.Submit}"
```

```
        actionListener ="#{cashierBean.submit}"/>
    </h:commandButton>
```

2. 在组件上注册 Value-Change Listener

在组件上注册 Value-Change Listener 的方法与在命令组件上注册 ActionListener 的方法相似。嵌入一个<f:valueChangeListener>标签到页面上的某个输入组件标签中可以将一个 ValueChangeListener 的实现类注册到组件上，程序清单 2.14 给出了实例；使用输入组件标签的“ValueChangeListener”属性可以将某个方法实现的 ValueChangeListener 注册到组件上。

程序清单 2.14

```
<h:inputText id="name" size="50" value="#{cashier.name}"
        required="true">
    <f:valueChangeListener type="listeners.NameChanged" />
</h:inputText>
```

3. 绑定监听器到 Backing Bean 的属性上

如果在使用<f:actionListener>标签或<f:valueChangeListener>标签注册监听器时，使用“binding”描述而不是“type”描述，则意味着将监听器绑定到了 Backing Bean 的属性上。这同时也需要在 Backing Bean 中定义一个属性，这个属性是一个监听器对象实例，以求在类型上相互匹配。

2.9 转换器

2.9.1 转换器的概念

在 JSF 页面上，输入/输出组件经常用来完成各种信息、参数的输入/输出功能，在组件内部，输入/输出所处理的信息都是以字符串参数的形式进行的，而实际上输入/输出所处理的信息本质上是各种类型的数据。由于 Java 的强类型特征，这些信息在程序与组件之间进行传递时必须进行类型转换，在 Java SE 中，这个任务是由定义在基本数据类型封装类的方法成员完成的。如在 Boolean 类中，定义了 parseBoolean 方法将字符串解析为 boolean 值，定义了 toString 方法将 boolean 值转换为 String 对象。在 JSF 框架下，为了完成这个任务，就定义了转换器。转换器就是在组件的字符串参数与各种类型的属性值之间实现数据类型转换的实体。

2.9.2 标准转换器

JSF 实现提供了一套标准转换器（Converter）供用户实现组件数据转换，标准转换器位于 javax.faces.convert 包中，表 2.14 列出了这些标准转换器。

表 2.14 JSF 的标准转换器

转 换 器	Converter ID	功 能
ByteConverter	javax.faces.Byte	基本数据类型 Byte 转换器
ShortConverter	javax.faces.Short	基本数据类型 Short 转换器
IntegerConverter	javax.faces.Integer	基本数据类型 Integer 转换器
LongConverter	javax.faces.Long	基本数据类型 Long 转换器
FloatConverter	javax.faces.Float	基本数据类型 Float 转换器
DoubleConverter	javax.faces.Double	基本数据类型 Double 转换器
CharacterConverter	javax.faces.Character	基本数据类型 Character 转换器
BooleanConverter	javax.faces.Boolean	基本数据类型 Boolean 转换器
EnumConverter	javax.faces.Enum	枚举类 Enum 型转换器
NumberConverter	javax.faces.Number	抽象类 Number 转换器
DateTimeConverter	javax.faces.DateTime	日期时间类型 java.util.Date 转换器
BigDecimalConverter	javax.faces.BigDecimal	有符号十进制数 BigDecimal 转换器
BigIntegerConverter	javax.faces.BigInteger	任意精度的整数 BigInteger 转换器

这些标准转换器都实现了一个 Converter 接口，在 Converter 接口中定义了两个方法：

```
Object getAsObject(FacesContext context, UIComponent component, String value)
String getAsString(FacesContext context, UIComponent component, Object value)
```

分别实现从字符串到对应数据类型的转换和从对应数据类型到字符串的转换。在各个转换器中，分别实现了这两个方法。

标准转换器以内建的方式定义，开发人员可以不用显式地调用它们，依然可以获得数据类型自动转换的结果。

2.9.3 注册、使用转换器

在 JSF 组件上使用转换器，用某一个特定的转换器转换组件值，需要在对应的组件上注册转换器，然后转换器将为用户实现正确的组件值转换，否则将显示相应的错误信息。注册标准转换器的方法有以下几种。

1. 使用<f:converter>组件标签注册任意的转换器

表 2.9 中列出了 3 个与数据转换有关的 core 标签，这是用来在组件中注册转换器的，其中的<f:converter>可以用来注册任意的转换器，在使用时，需要将 core 标签嵌入输入/输出组件标签内部。程序清单 2.15 给出了这种用法的典型方式，用<f:converter>标签的“converterId”属性描述转换器，这样输入组件就能够将输入的字符串转换为所需的数据类型了。

程序清单 2.15

```
<h:inputText value="#{LoginBean.Age}" />
    <f:converter converterId="javax.faces.Integer" />
</h:inputText>
```

2. 使用<f:convertDateTime>组件标签注册日期时间转换器

将<f:convertDateTime>组件标签嵌入到输入/输出组件的内部，可以实现日期时间型变量的转换，将输入组件上的字符串数据用 DateTimeConverter 转换为 Date 对象实例，或者将 Date 对象实例转换为输出组件上的字符串数据。这也是通过把<f:convertDateTime>组件标签嵌套于组件标签内部实现的。<f:convertDateTime>组件标签的描述属性如表 2.15 所示。

表 2.15 <f:convertDateTime>组件标签的描述属性

属 性	功 能
binding	将托管 Bean 的属性与转换器绑定
datestyle	指定日期的风格，类似于 java.text.DateFormat，支持 default、short、medium、long、full 等取值，没有指定则取 default。只有当 pattern 没有指定且 type 取 date 或 both 时才有效
for	用于复合组件，指在该标签所嵌套的复合组件内部的一个对象
locale	预定义日期和时间的格式，默认取 FacesContext.getLocale()方法的返回值
pattern	指定日期格式的模式字符串，如 yyyy-MM-dd
timeStyle	指定时间的风格，类似于 java.text.DateFormat 对于时间的风格定义，同样支持 default、short、medium、long、full 等取值，没有指定则取 default。只有当 pattern 没有指定且 type 取 time 时才有效
timeZone	指定日期、时间的时区
type	取 date、time 或 both，代表日期、时间、都包含，默认值为 date

程序清单 2.16 的代码实现了将数据“cashier.shipDate”以时间格式输出，其执行结果得到了类似“Saturday, September 25, 2010”的输出内容，在中文环境下则得到形如“2010 年 9 月 25 日 星期六”的输出内容。

程序清单 2.16

```
<h:outputText id= "shipDate" value="#{cashier.shipDate}">
    <f:convertDateTime dateStyle="full" />
</h:outputText>
```

程序清单 2.17 的代码定义了具体的时间格式，可以获得如“Saturday, Sep 25, 2010”的输出结果。

程序清单 2.17

```
<h:outputText value="#{cashier.shipDate}">
    <f:convertDateTime
        pattern="EEEEEEEE, MMM dd, yyyy" />
</h:outputText>
```

3. 使用<f:convertNumber>组件标签注册数值转换器

把<f:convertNumber>组件标签嵌入到组件标签中可以实现 NumberConverter 将组件数据转换为 java.lang.Number 或其子类的对象实例的目的，允许用户指定数据的格式和类型。<f:convertNumber>组件标签也有数个描述属性，如表 2.16 所示。

表 2.16 <f:convertNumber>组件标签的描述属性

属　性	功　能
binding	将托管 Bean 的属性与转换器绑定
currencyCode	ISO 4217 货币代码，仅在货币代码格式有效
currencySymbol	货币符号，仅在货币代码格式有效
for	用于复合组件，指在该标签所嵌套的复合组件内部的一个对象
groupingUsed	指定格式化数值时是否使用分组符
integerOnly	指定是否只解析数值的整数部分
locale	预定解析或格式化数值时使用
maxFractionDigits	指定小数部分最多保留几位
maxIntegerDigits	指定整数部分最多保留几位
minFractionDigits	指定小数部分最少保留几位
minIntegerDigits	指定整数部分最少保留几位
pattern	指定格式的模式字符串
type	指定解析或格式化数值时使用的风格，取 number、currency 或 percentage

程序清单 2.18 的代码输出了在一个购物车对象实例中所使用的货物的价格总数，并且通过“convertNumber”标签的“pattern”属性描述，定义了格式，从而得到了输出结果格式。

程序清单 2.18

```
<h:outputText id="cartTotal"
        value="#{cart.Total}" >
    <f:convertNumber type="currency" pattern="$####" />
</h:outputText>
```

代码执行的结果是可以输出如“$934”这样形式的结果。

4. 转换失败的错误信息

在表 2.5 中，有一个输入组件的“converterMessage”属性，可以利用这个属性定义当组件上输入的信息转换失败时要显示在组件上的信息。另外，每个标准转换器都定义了指定错误信息，这个错误信息将在转换错误时显示。

2.9.4 自定义转换器

如果 JSF 技术提供的标准转换器不能完全满足用户的需求，用户可以编写自己需要的转换器，完成所需的转换。

1. 编写转换器类

所有的用户转换器类必须实现 Converter 接口，实现其中的 getAsObject 方法和 getAsString 方法。前者说明将字符串转换为哪种对象类型，后者说明将哪种对象类型转换为字符串。代码如程序清单 2.19 所示。

程序清单 2.19

```
@FacesConverter("MyExample.ConverterExample.Chard")
public class ChardConverter implements Converter{
    public Object getAsObject(FacesContext context, UIComponent component,
String value)
.......
    public String getAsString(FacesContext context, UIComponent component,
Object value)
.......
}
```

2. 注册自定义转换器

自定义转换器有两种注册方法：一种是在应用程序的应用配置资源文件 faces-config.xml 中或其他应用配置资源文件中注册，具体代码如程序清单 2.20 所示，用<converter>配置元素就可以完成，在<converter>配置元素的子元素<converter-id>中填写自定义转换器的名称标识，在子元素<converter-class>中填写自定义转换器实现类的类名；另一种是在编写的转换器类的类名前用元注释"@FacesConverter"注册，代码如程序清单 2.19 所示。

程序清单 2.20

```
<converter>
<converter-id> MyExample.ConverterExample.Chard </converter-id>
<converter-class> MyExample.ConverterExample.ChardConverter</converter-class>
</converter>
```

3. 使用自定义转换器

使用自定义转换器的方式与使用标准转换器的方式没有什么差别，可以使用<f:converter>组件标签注册自定义转换器，也可以使用输入/输出组件的 converter 属性注册自定义转换器。

2.10 验证器

2.10.1 验证器的概念

JSF 的验证器功能是对输入组件的输入数值进行检验，屏蔽不合乎使用要求的数据输入。验证器经常与转换器协同工作，共同完成对输入数据的检测和过滤工作。验证器仅能在输入组件上使用。

2.10.2 标准验证器

javax.faces.validator 包中提供了一套标准验证器，如表 2.17 所示。

表 2.17　JSF 的标准验证器

标　签	功　能
DoubleRangeValidator	双精度范围验证器
LongRangeValidator	长整型范围验证器
LengthValidator	值的长度验证器
BeanValidator	Bean 属性验证器
RegexValidator	规则表达式验证器
RequiredValidator	值是否存在验证器

这些标准验证器类都实现了一个 Validator 接口，在 Validator 接口中定义了一个方法：

```
void validate(FacesContext context, UIComponent component, Object value)
```

2.10.3　注册、使用验证器

与转换器一样，使用验证器也需要在组件上注册，从而实现使用验证器的目的。验证失败也可以输出错误信息。

表 2.8 中给出了与验证器有关的 core 标签，这些标签就是在组件上注册验证器的，标签的用法与转换器标签的用法一样。

1. 使用<f:validator>组件标签注册任意的验证器

<f:validator>组件标签可以注册标准验证器，也可以注册用户自定义验证器。具体的验证器类写在验证器标签的“validatorId”属性中。

2. 使用专门的组件标签注册特定的标准验证器

表 2.8 中的其他 6 个组件标签分别用来注册 6 个标准验证器。这 6 个组件标签分别定义了不同的属性，代表不同的含义，使用上差别不大，都是把组件标签像注册转换器那样嵌入到输入组件的标签中，完成注册。

例如，DoubleRangeValidator 和 LongRangeValidator 都定义了“maximum”和“minimum”属性，规定所验证的组件允许输入的最大值和最小值。程序清单 2.21 展示了如何在一个名为“quantity”的输入组件上使用 LongRangeValidator 验证器。

程序清单 2.21

```
<h:inputText id="quantity" size="4"
      value="#{drug.quantity}" >
   <f:validateLongRange minimum="1"/>
</h:inputText>
<h:message for="quantity"/>
```

“validateLongRange”标签现在就被嵌入到了输入组件标签中。这个输入组件要求输入最小值为“1”，否则就检验失败。

各个标准验证器的使用就不一一介绍了。

3. 使用输入组件的 validator 属性注册验证器

在组件标签的“validator”属性中引用实现验证器的方法，这种注册方式比较适合实现一个 Backing Bean 方法的自定义验证器。

4. 验证失败的错误信息

可以通过输入组件的“validatorMessage”属性定义验证失败错误信息，标准验证器也定义了标准错误信息。

2.10.4 自定义验证器

当标准验证器不能实施用户需要的检验时，用户也可以定义用户验证器，有两个办法：一个是定义验证器类实现 Validator 接口；另一个是实现一个 Backing Bean 方法。

1. 通过实现 Validator 接口定义验证器

这种方法需要 3 个步骤：（1）定义验证器类，在类中实现 Validator 接口，重写 validate 方法；（2）在应用程序的应用配置资源文件 faces-config.xml 中或其他等效文档中注册验证器，注册时使用表 2.13 中的<validator>配置元素完成；（3）用<f:validator>组件标签引用验证器。

2. 通过实现一个 Backing Bean 方法定义验证器

可以在页面的 Backing Bean 中定义一个方法，在方法中编写验证器的功能，从而实现验证器。这个方法不必考虑 Validator 接口，仅需要方法签名为如下格式即可。

```
public void xxxx(FaceContext fc , UIComponent toValidate , Object value)
```

该方法的名字不限，形参表必须严格遵守上面签名中的规定，实际上此形参表与 validate 方法的形参表完全一致。

之后，就可以通过输入组件的 validator 属性注册验证器、使用验证器了。程序清单 2.22 给出了一个实例，在代码中，引用 validateEmail 方法对输入组件的输入值进行了检验。

程序清单 2.22

```
<h:inputText id="email" value="#{checkoutFormBean.email}"
    size="25" maxlength="125"
    validator="#{checkoutFormBean.validateEmail}"/>
```

2.10.5 一个使用了监听器、转换器和验证器的完整例子

下面用一个例子演示监听器、转换器和验证器的使用。

“商品信息录入”实例包括 3 个页面：index.xhtml、response.xhtml、commodity.xhtml，一个 Backing Bean 类 Commodity.java，一个部署描述符文件 web.xml。

index.xhtml 为启动录入页面，含有 5 个输入组件用以输入 5 项信息，在“商品单价”录入组件上使用了双精度浮点型标准转换器和验证器，并且设定最小值为 0.01；在“入库数量”

录入组件上使用了整型标准转换器和验证器，并且设定最小值为 1；在“上架日期”录入组件上使用了日期型标准转换器，并且设定了录入格式。

response.xhtml 为简单回应页面，给出信息提示用户商品信息已经提交给系统，并且给用户提供了两个按钮。

commodity.xhtml 为商品信息展示页面，在其中的“返回”按钮上使用了监听器。

由于从 index.xhtml 到 response.xhtml 页面再到 commodity.xhtml 页面的执行过程已经超出了一个请求处理的过程，所以为了确保 Backing Bean 类中的信息能够正常输出到 commodity.xhtml 页面中，在 Commodity.java 类中使用“@SessionScoped”限定了范围。

程序清单 2.23、程序清单 2.24、程序清单 2.25、程序清单 2.26 分别给出了 3 个页面和 Backing Bean 类的代码，部署描述符文件 web.xml 与程序清单 2.4 相似，就不重复给出了。

程序清单 2.23

```
<?xml version='1.0' encoding='UTF-8' ?>
<!DOCTYPE html PUBLIC "-//W3C//DTD XHTML 1.0 Transitional//EN"
   "http://www.w3.org/TR/xhtml1/DTD/xhtml1-transitional.dtd">
<html xmlns="http://www.w3.org/1999/xhtml"
    xmlns:h="http://xmlns.jcp.org/jsf/html"
    xmlns:f="http://xmlns.jcp.org/jsf/core">
   <h:head>
      <title>商品上架登记</title>
   </h:head>
   <h:body>
      <h:form>
         <h:outputLabel value="商品名称: ">
         </h:outputLabel>
         <h:inputText id="commodityname"
                   title="name: "
                   value="#{commodity.name}"
                   required="true"
                   requiredMessage="对不起，商品名称是必须填写的！"
                   maxlength="25">
         </h:inputText>
         <br/>
         <h:outputLabel value="商品类别: ">
         </h:outputLabel>
         <h:inputText id="commoditycategory"
                   title="category: "
                   value="#{commodity.category}"
                   required="true"
                   requiredMessage="对不起，商品类别是必须填写的！"
                   maxlength="25">
         </h:inputText>
         <br/>
         <h:outputLabel value="商品单价: ">
```

```
                </h:outputLabel>
                <h:inputText id="commodityprice"
                        title="price: "
                        value="#{commodity.price}"
                        required="true"
                        requiredMessage="对不起，商品单价是必须填写的！"
                        maxlength="25">
                    <f:converter converterId="javax.faces.Double" />
                    <f:validateDoubleRange minimum="0.01"/>
                </h:inputText>
                <br/>
                <h:outputLabel value="入库数量：">
                </h:outputLabel>
                <h:inputText id="commodityamount"
                        title="amount: "
                        value="#{commodity.amount}"
                        required="true"
                        requiredMessage="对不起，入库数量是必须填写的！"
                        maxlength="25">
                    <f:converter converterId="javax.faces.Integer" />
                    <f:validateLongRange minimum="1"/>
                </h:inputText>
                <br/>
                <h:outputLabel value="上架日期：">
                </h:outputLabel>
                <h:inputText id="commodityputawaydate"
                        title="putawaydate: "
                        value="#{commodity.putawaydate}"
                        required="true"
                        requiredMessage="对不起，上架日期是必须填写的！"
                        maxlength="25">
                    <f:convertDateTime pattern="yyyy-MM-dd" />
                </h:inputText>
                <h:outputLabel value="  请按照"yyyy-mm-dd"的格式输入！">
                </h:outputLabel>
                <br/>
                <hr/>
                <h:commandButton id="submit" value="提交" action="response.xhtml">
                </h:commandButton>
                <h:commandButton id="reset" value="重置" type="reset" >
                </h:commandButton>
            </h:form>
            <div class="messagecolor">
                <h:messages showSummary="true"
                        showDetail="false"
                        errorStyle="color: #d20005"
                        infoStyle="color: blue"/>
```

```
        </div>
    </h:body>
</html>
```

程序清单 2.24

```
<?xml version='1.0' encoding='UTF-8' ?>
<!DOCTYPE html PUBLIC "-//W3C//DTD XHTML 1.0 Transitional//EN"
   "http://www.w3.org/TR/xhtml1/DTD/xhtml1-transitional.dtd">
<html xmlns="http://www.w3.org/1999/xhtml"
     xmlns:h="http://xmlns.jcp.org/jsf/html"
     xmlns:f="http://xmlns.jcp.org/jsf/core">
    <h:head>
        <title>提交回应</title>
    </h:head>
    <h:body>
        <h:form>
            <h2>你好! 商品信息已经提交! </h2>
            <p></p>
            <h:commandButton id="list" value="展示" action="commoditylist.
xhtml" />
            <p></p>
            <h:commandButton id="back" value="返回" action="index.xhtml" />
        </h:form>
    </h:body>
</html>
```

程序清单 2.25

```
<?xml version='1.0' encoding='UTF-8' ?>
<!DOCTYPE html PUBLIC "-//W3C//DTD XHTML 1.0 Transitional//EN"
   "http://www.w3.org/TR/xhtml1/DTD/xhtml1-transitional.dtd">
<html xmlns="http://www.w3.org/1999/xhtml"
     xmlns:h="http://xmlns.jcp.org/jsf/html"
     xmlns:f="http://xmlns.jcp.org/jsf/core">
    <h:head>
        <title>商品信息</title>
    </h:head>
    <h:body>
        <h:form>
            <h:outputLabel value="商品名称: ">
            </h:outputLabel>
            <h:outputText id="commodityname"
                        title="name: "
                        value="#{commodity.name}">
```

```
                </h:outputText>
                <br/>
                <h:outputLabel value="商品类别: ">
                </h:outputLabel>
                <h:outputText id="commoditycategory"
                          title="category: "
                          value="#{commodity.category}">
                </h:outputText>
                <br/>
                <h:outputLabel value="商品单价: ">
                </h:outputLabel>
                <h:outputText id="commodityprice"
                          title="price: "
                          value="#{commodity.price}">
                    <f:converter converterId="javax.faces.Double" />
                </h:outputText>
                <br/>
                <h:outputLabel value="入库数量: ">
                </h:outputLabel>
                <h:outputText id="commodityamount"
                          title="amount: "
                          value="#{commodity.amount}">
                    <f:converter converterId="javax.faces.Integer" />
                </h:outputText>
                <br/>
                <h:outputLabel value="上架日期: ">
                </h:outputLabel>
                <h:outputText id="commodityputawaydate"
                          title="putawaydate: "
                          value="#{commodity.putawaydate}">
                    <f:convertDateTime dateStyle="full"  />
                </h:outputText>
                <br/>
                <h:commandButton id="back" value="返回" action="index.xhtml"
                            actionListener ="#{commodity.displayDetail}">
                </h:commandButton>
            </h:form>
        </h:body>
    </html>
```

程序清单 2.26

```
    package Commodity;

    import javax.faces.bean.ManagedBean;
    import javax.faces.bean.SessionScoped;
```

```
import javax.faces.event.ActionEvent;
import java.util.Date;

@ManagedBean
@SessionScoped

public class Commodity {

    private String name;
    private String category;
    private double price;
    private int amount;
    private Date putawaydate;

    public Commodity() {

    }

    public String getName() {
        return name;
    }

    public void setName(String user_name) {
        this.name = user_name;
    }

    public String getCategory() {
        return category;
    }

    public void setCategory(String user_category) {
        this.category = user_category;
    }

    public double getPrice() {
        return price;
    }

    public void setPrice(double user_price) {
        this.price = user_price;
    }

    public int getAmount() {
        return amount;
    }

    public void setAmount(int user_amount) {
```

```
        this.amount = user_amount;
    }

    public Date getPutawaydate() {
        return putawaydate;
    }

    public void setPutawaydate(Date user_putawaydate) {
        this.putawaydate = user_putawaydate;
    }

    public void displayDetail(ActionEvent event) {
        this.name = "";
        this.category = "";
        this.price = 0.0;
        this.amount = 0;
        this.putawaydate = null;
    }

}
```

2.11 Facelets 与复合组件

2.11.1 什么是 Facelets

Facelets 是强大的、轻量级的页面声明语言，用来以 HTML 方式模板创建 JavaServer Faces 视图，创建组件树。除可以使用 XHTML 生成 Web 页面、支持表达式语言、支持 HTML 标签库和核心标签库外，Facelets 还支持 Facelets 标签库、复合组件标签库。Facelets 最明显的特征就是提供组件和页面模板。

2.11.2 开发一个简单的 Facelets 应用

通常，开发一个 Facelets 应用需要完成以下步骤：开发 Backing Bean，用组件标签生成页面，定义页面导航，映射 FacesServlet 实例，添加管理 bean 声明。这在前面的例子中我们已经讲述过了。

2.11.3 模板

在实际的开发工作中，用户界面生成的工作量是比较大的，不同的项目之间存在着比较明显的界面重复，同一个项目的页面之间也存在着大量的重复元素。JavaServer Faces 技术提供了一些易于扩展和重用的工具以实现用户的界面，其中模板（Template）是一个有用的 Facelets 特征，它允许用户生成一个页面作为同一个应用中其他页面的模板，可使用户重用代码，避免重复生成相似构造的页面，模板还可帮助用户在一个拥有较多页面的应用中保持标准的外观和体验。Facelets 标签库就提供了模板实现功能。Facelets 模板标签如表 2.18 所示。

表 2.18　Facelets 模板标签

标　签	功　能
<ui:component>	定义一个组件，该组件将被添加到组件树中
<ui:composition>	定义一个页面组件，可以在其中使用模板
<ui:debug>	定义一个调试组件，该组件将被添加到组件树中
<ui:define>	定义一段被模板插入到页面中的内容
<ui:decorate>	与 composition 相似，但是不忽略标记之外的内容
<ui:fragment>	与 component 相似，但是不忽略标记之外的内容
<ui:include>	封装多个页面并重用内容
<ui:insert>	将内容插入一个模板
<ui:param>	用来将参数传递给被 include 的文件
<ui:repeat>	c:forEach 或 h:dataTable 循环标记的替代项
<ui:remove>	将内容从页面中移除

从表 2.18 中可以看出，与 HTML 标签使用以“h:”开头和核心标签使用以“f:”开头类似，Facelets 模板标签都是以“ui:”开头的。链接为 http://xmlns.jcp.org/jsf/facelets。

2.11.4　复合组件

JavaServer Faces 技术通过 Facelets 提供了复合组件（Composite Component）的概念，复合组件就是起着组件作用的特殊类型的模板。任何组件从根本上说是一段通过特定方式工作的程序代码。复合组件包括特定标签等，复合组件具有用户生成、可重用、定制、功能定义等属性，复合组件也可以像其他组件一样拥有验证器、转换器、监听器，以实现某些专门定义的功能。

借助于 Facelets，任何包含有特定标签和其他组件的 XHTML 页面都可以被转换成复合组件，并且借助资源设施，复合组件还可以存储到组件库中。常用的复合组件标签如表 2.19 所示。

表 2.19　常用的复合组件标签

标　签	功　能
<cc:interface>	声明复合组件的使用协议，复合组件可作为一个组件使用，功能由组件使用协议定义
<cc:implementation>	定义一个复合组件实现，如果存在一个 composite:interface 标记，则必须存在一个该标记
<cc:attribute>	声明复合组件的属性
<cc:insertChildren>	将子组件或模板文本添加到复合组件中
<cc:valueHolder>	组件实现 valueHolder 接口，包含一个 value 属性
<cc:editableValueHolder>	组件实现 editableValueHolder 接口，包含一个可编辑的 value 属性
<cc:actionSource>	组件实现 actionSource2 接口，允许触发 Action 事件

2.11.5 应用程序的目录结构与资源

一般而言，一个 Web 应用应包含 Web 组件、静态资源、服务器端应用类、客户端应用类，这些要件构成了一个完整的应用组件或应用单元。

一个标准的应用单元的目录结构是：应用的根目录下应有一个名为“WEB-INF”的子目录，其下应包含部署描述符文件 web.xml 及以下 3 个子目录。

classes 子目录：包含服务器端类，Servlets、企业 bean 类文件、应用类，以及 JavaBeans 组件等。

tags 子目录：包含标签文件。

lib 子目录：包含 JAR 文件。

用户还可以根据需要在根目录下或“WEB-INF/classes/”目录下创建自己需要的目录。

一个应用单元需要打包成一个文件，一般在 Java 系统中打包成扩展名为“.jar”的压缩文件，即上面提到的 JAR 文件，在部署到应用系统中时需要进行解压缩，解压缩时应用单元的目录结构被还原。

资源是任何 Web 应用所要求的软件制品，包括图像、脚本文件及用户生成的组件库。

按照规范的开发设计要求，所有的资源应存放在标准的位置。在应用的根目录下创建一个名为“resources”的子目录或在“META-INF”目录下创建一个名为“resources”的子目录存放应用所用的资源。资源表示应是特定的字符串，符合以下格式。

```
[locale-prefix/][library-name/][library-version/]resource-name[/resource-version]
```

存放在“resources”子目录下的任何资源，无论是图像、复合组件还是模板等都应能被其他应用或应用组件所访问。

2.12 Servlet

在 Java EE 6 技术规范中，对于 Servlet 部分的知识做了一些改进，将 Servlet 规范提升为 3.0 版，大大强化了 Servlet 的功能，同时将标准 Java 程序的监听器等编程手段引入到 Servlet 中，也降低了 Servlet 的程序设计难度。

2.12.1 Servlet 的基本概念

1. 什么是 Servlet

Servlet 是一种 Java 程序类，是用来扩展以请求-应答程序模式运行应用程序的服务器能力的一种 Java 程序。尽管 Servlet 可以应答任何请求，但通常被用来扩展 Web 服务器。Java EE 6 提供了一整套 API 供用户开发设计 Servlet 程序，其内容存放在 javax.servlet 包和 javax.servlet.http 包中，主要包括一些类和接口。

2. Servlet 的生命周期

Servlet 的生命周期由部署和运行 Servlet 程序的容器控制，当一个请求通过服务器的工作过程被映射到 Servlet 时，容器将完成以下几个操作，分别对应 Servlet 的生命周期的几个阶段。

（1）装载初始化阶段：如果这个 Servlet 的实例不存在于容器中，容器将调用 Servlet 类，生成这个 Servlet 类的实例，并且通过运行 init 方法初始化实例。

（2）执行时期：借助 service 方法完成请求和应答的处理，通常情况下，Web 服务器会在比较长的时间里不停地处理请求和应答，所以 Servlet 类的实例的执行时期会持续比较长。

（3）结束时期：如果必要的话，容器将通过运行 Servlet 类的 destroy 方法将 Servlet 类的实例从容器中去除，从而结束 Servlet。

3. 处理生命周期事件

当生命周期事件发生时，可以通过定义监听器来处理，这需要事先编写出监听器类。在 Servlet 规范中，定义了 6 种 Servlet 生命周期事件及其对应的监听器接口，具体内容如表 2.20 所示。

表 2.20　Servlet 生命周期事件

事　件　类	事 件 说 明	监听器接口
ServletContextEvent	Servlet 上下文改动通知	javax.servlet.ServletContextListener
ServletContextAttributeEvent	Servlet 上下文描述改动通知	javax.servlet.ServletContextAttributeListener
HttpSessionEvent	会话改动通知	javax.servlet.http.HttpSessionListener javax.servlet.http.HttpSessionActivationListener
HttpSessionBindingEvent	会话描述改动通知	javax.servlet.http.HttpSessionAttributeListener
ServletRequestEvent	Servlet 请求生命周期事件	javax.servlet.ServletRequestListener
ServletRequestAttributeEvent	Servlet 请求描述改动	javax.servlet.ServletRequestAttributeListener

与标准 Java 程序相似，这些监听器接口在使用前必须由某个类实现，而在实现监听器接口的类头前，必须用元注释“@WebListener”加以说明，程序片段如程序清单 2-27 所示。

程序清单 2.27

```
import javax.servlet.ServletContextAttributeListener;
import javax.servlet.ServletContextListener;
import javax.servlet.annotation.WebListener;

@WebListener()
public class SimpleServletListener implements ServletContextListener,
    ServletContextAttributeListener {
...
}
```

4. 处理 Servlet 错误

在 Servlet 程序的执行过程中，任何数量的错误都可能发生，这些错误都是以异常的形式出现的。一旦有异常发生，Web 容器将显示错误信息：

```
A Servlet Exception Has Occurred
```

对于给定的异常显示指定的内容开发者也可以指定容器。

2.12.2 编写 Servlet 程序

1. 编写 Servlet 程序类头

所有的 Servlet 程序类必须实现 Servlet 接口。编写一个 Servlet 程序时，要用“@WebServlet”元注释声明 Servlet 程序类，其作用是声明 Servlet 程序为一个应用程序中的 Servlet 组件，而使用了“@WebServlet”的 Servlet 程序类则必须继承类库中的 javax.servlet.http.HttpServlet 类，这个类已经实现了 Servlet 接口。“@WebServlet”元注释包含两个重要描述：“urlPatterns”和“value”，用来指定 URL 样式。常见的 Servlet 程序类如程序清单 2.28 所示。

程序清单 2.28

```
import javax.servlet.annotation.WebServlet;
import javax.servlet.http.HttpServlet;

@WebServlet("/report")
public class MySecondServlet extends HttpServlet {
...
}
```

2. 编写 service 方法

service 方法是在 Servlet 接口中声明的方法，是一个由容器调用对分配获得的请求进行应答的方法，一般要把回应请求的具体操作写在里面。在 Servlet 接口中该方法的声明原型为：

```
void service(ServletRequest req, ServletResponse res)
```

在 HttpServlet 类中又定义了一个同名不同参数表的方法：

```
protected void service(HttpServletRequest req, HttpServletResponse resp)
```

service 方法的主要功能是从请求中提取信息，之后形成回应。在编写 Servlet 程序时，应根据自己对应用程序的功能设计重写 service 方法，其中的语句执行内容应反映编写者的设计意图。编写 Servlet 程序的另一个等效的方法是将功能设计在 doGet 方法、doPost 方法、doOption 方法、doPut 方法或 doDelete 方法中的某一个或某几个中实现，这几个方法是在 HttpServlet 类中定义的。在 doGet 方法或 doPost 方法中实现功能也是比较常用的 Servlet 程序编写方法。

从请求中提取信息是 service 方法的第一项任务。请求中包含了客户端和 Servlet 之间进行交互所传递的信息，HttpServletRequest 请求对象中包含了请求 URL 和 HTTP 头部信息、查询字串等，可以使用 HttpServletRequest 中的几个方法成员 getContextPath、getServletPath、getPathInfo 获取请求 URL 中的上下文路径、Servlet 路径、路径信息等。

构造回应是 service 方法的另一项任务。需要指明回应要返回的内容类型（text/hrml），获取输出流并发送数据给客户端，编辑和发送回应的内容。

3. 根据需要重写 init 方法

init 方法也是在 Servlet 接口中声明的方法，当容器启动 Servlet 程序、生成 Servlet 对象时被调用，可以根据需要重写 init 方法。

一个 Servlet 程序编写好后，即可对其进行编译，在 web.xml 中进行配置，然后就可以打包部署使用了。

2.12.3 使用 Servlet

1. 启动 Servlet

启动 Servlet 的工作是由容器完成的，当运行应用程序的系统启动后，如果有来自用户的请求被分配给某个 Servlet 程序，而容器又没有检测到这个 Servlet 程序时，容器将 Servlet 程序的代码调入，执行 Servlet 程序的 init 方法，创建出 Servlet 的实例，完成启动 Servlet 的工作。

2. 过滤请求和应答

过滤器是一个能够改动请求和应答内容的对象，其主要工作为：质询请求并相应地行动；阻断请求与应答的搭配；更改请求的头和数据；更改应答的头和数据；与外部资源交互。

Java EE 规范提供了一套 API 供用户编写过滤器程序，包括 Filter 接口、FilterChain 接口和 FilterConfig 接口，位于 javax.servlet 包中。通过实现 Filter 接口即可定义过滤器，从而实现过滤请求和应答的功能。

在编写过滤器时，要在类头用“@WebFilter”元注释加以说明，如同元注释“@WebServlet”一样，“@WebFilter”元注释也包含两个重要描述：“urlPatterns”和“value”，其作用基本相同。使用“@WebFilter”元注释必须与实现 Filter 接口一起使用。一个典型的过滤器类的类头代码如程序清单 2.29 所示。

程序清单 2.29

```
import javax.servlet.Filter;
import javax.servlet.annotation.WebFilter;
import javax.servlet.annotation.WebInitParam;

@WebFilter(filterName = "TimeOfDayFilter",
urlPatterns = {"/*"},
initParams = {
@WebInitParam(name = "mood", value = "awake")})
public class TimeOfDayFilter implements Filter {
....
```

Filter 接口中声明了 3 个方法：init、doFilter 和 destroy。最重要的方法是 doFilter 方法，其中可以实施如下一些操作：测试请求头或应答头；如果过滤器试图更改请求和应答的头或数据，则需要用户化请求和应答对象；如果处理过程中发生错误，则抛出异常。init 方法和 destroy 方法可以根据需要写出相应的内容。这几个方法的编写没有特殊的要求。

一个过滤器程序编写好后，也需要对其进行编译和在 web.xml 中进行配置，然后就可以打包部署使用了。

Java EE 规范还允许用户编写用户化的请求和应答，以配合用户编写的过滤器协同使用，完成设计目标。

3. 访问 Web 上下文

上下文（Context）是 Java EE 平台中一个重要的内容，在 Servlet 中可以通过使用 getServletContext 方法实现对 ServletContext 上下文的访问，这个方法是在 HttpServlet 类的父类 GenericServlet 类中给出的，所以它在 Servlet 程序中都存在。

ServletContext 接口定义在 javax.servlet 包中，其中定义了一系列方法供 Servlet 与 Servlet 容器进行通信，读者可以查阅 API 文档获取有关的详细资料。

4. 在 Servlet 程序中调用其他 Web 资源

包括 Servlet 在内的 Web 组件都可以调用 Web 资源，调用的方式有两种：直接调用和间接调用。把资源的内容包含进来或把请求重定向到资源的方式为直接调用；把指向其他 Web 组件的 URL 作为回应的内容返回给客户端的方式为间接调用。如果要调用可用的资源，必须首先获得 RequestDispatcher 对象，获得的方式有两个：一个是调用 ServletRequest 接口中的 getRequestDispatcher(String path)方法，其参数为指向资源的绝对路径或相对于 Servlet 的相对路径；另一个是调用 ServletContext 接口中的 getRequestDispatcher(String path)同名方法，其参数为指向资源的绝对路径。需要简要介绍一下 RequestDispatcher 接口，这个接口也定义在 javax.servlet 包中，其对象的作用是从客户端接收一个请求并将请求传送到服务器的某个资源上。

在 Servlet 程序中也经常有自己不处理请求而将请求转发给其他 Web 组件处理的情形，此时 Servlet 程序起着一个调度的作用，这种操作称为“转发控制权”。转发是通过调用定义在 RequestDispatcher 接口中的 forward 方法实现的，这个方法的原型为：

```
void forward(ServletRequest request, ServletResponse response)
```

5. 维护客户端状态

实际使用中有许多应用需要客户端向服务器发送多个相关联的一系列请求，如在电子商务类的应用系统中需要为用户开设“购物车”，“购物车”是要在多个购物请求之间共享的，把这一系列请求称为会话（Session）。很明显，会话的状态是需要在系统中保存的，即维护其状态。由于 HTTP 是无状态的，所以为了解决这个问题，在 Servlet 中定义了一些 API 来管理会话、保存会话的状态，包括用来描述会话的 HttpSession 接口和一些方法，在此基础上可以实现会话的访问、管理、追踪等。

6. 终止 Servlet

当 Servlet 容器确定一个 Servlet 已经完成其任务，可以从 Servlet 容器中去除时，即会调用在 Servlet 中实现的 destroy 方法，释放资源，存储持久性状态，释放由 init 方法所创建的数据库对象，停止 Servlet 对象实例。被停止的 Servlet 对象实例的服务方法也都结束。

本章涉及的 API：

javax.faces.component 包和 javax.faces.component.html 包中的组件类；

javax.faces.event 包和 javax.faces.model 包中的事件类、监听器接口和类；

javax.faces.convert 包中的转换器接口和类；

javax.faces.validator 包中的验证器接口和类；

javax.servlet 包和 javax.servlet.http 包中的与 Servlet 有关的接口和类。

第3章　上下文和注入

本章主要内容：上下文和依赖注入是从 Java EE 6 开始引入的重要的特征之一，Java EE 7 明确了资源注入和依赖注入的概念。依赖注入是在引入了托管 Bean 概念的基础上定义的，可提供应用程序在生命周期内具有良好的体系结构，允许如 Servlet、企业 Bean 和 JavaBeans 的 Java EE 组件在定义的范围内存在。本章简单介绍与上下文和注入有关的几个概念，简单介绍使用上下文、资源注入和依赖注入的知识，并且用实例简要说明上下文和依赖注入的作用。

建议讲授课时数：2 课时。

3.1　上下文和注入的概念

3.1.1　什么是上下文和注入

Java EE 是基于 Java 语言而定义的一种面向对象程序设计的框架体系，由不同的容器管理不同的组件，如 EJB 容器、Web 容器、Application 客户端容器和 Applet 容器等。在实际工作中，处于不同的容器管理下的组件之间存在进行互相访问的需求。在 Java EE 平台上，Web 层的重点是展示，Web 技术如 JSF 和 JSP 等会渲染用户界面，显示它的内容，但没有集成处理事务资源的工具；借助于 EJB 和 JPA 等技术，事务处理层对事务性资源提供了强大的支持，可以轻松构建与数据库交互的应用程序，在数据上提交事务，持久化数据。

为了解决这个问题，Java EE 中便定义了上下文和注入的概念。上下文和注入提供了一个体系结构，以允许如 Servlet、企业 Bean 和 JavaBeans 的 Java EE 生产者组件在具有明确定义范围的应用程序生命周期内存在。发布上下文和注入的目的之一是将 Java EE 平台的 Web 层和事务处理层之间很好地连接，使得开发者在 Web 应用中使用企业 Bean 和 JSF 技术更为容易。上下文和注入的一个重要主题是"松耦合"，是在 Web 层和事务处理层之间建立良好交流的手段。上下文和注入使得 Web 层也支持事务，这样在 Web 应用程序中访问事务资源就更容易了。

上下文和依赖注入（Contexts and Dependency Injection，CDI）是 Java EE 6 重要的特征之一，也是 Java EE 6 的新技术之一。在 Java EE 7 中，明确给出了资源注入和依赖注入的概念。Java EE 6 颁布了 CDI 1.0 规范，Java EE 7 更新为 CDI 1.1 规范，两者之间存在着较大的差别。

1. 上下文的概念

在 Java EE 的 API 中，可以看到定义了很多上下文（Context），包括以接口形式定义的 Context、EJBContext、ServletContext、EntityContext、SessionContext、MessageDrivenContext、HttpSessionContext、ResourceContext 等，还包括以类的形式定义的 ELContext、FacesContext、

HttpContext、JspContext 等。这些上下文都可以创建出来用以指代各种程序实体，并且很多时候具有全局属性。可以把上下文理解为像全局变量一样存储和提供相关内容的存储器。

2. 注入的概念

Java EE 提供了注入机制（Injection Mechanisms），以使得程序中的对象在不直接实例化的情况下获得引用。程序员通过在类中用某个将字段标记为注入点的元注释修饰字段或方法的方式来声明所需的资源和其他依赖项，然后容器在运行时提供所需的实例。注入简化了代码，并且将其与依赖项的实现分离开来。被注入的依赖项可能是一个在事务处理层定义的 EJB，也可能是一个普通的 JavaBeans，使用这些被注入资源或依赖项的可能是在 Web 层的 Backing Bean。有了注入的概念，即使双方不在同一个层定义，不在同一个容器中运行，也可以像在 Java SE 编程中那样，简单声明后就可以使用了。

在 Java EE 7 中，注入分为依赖注入和资源注入。

资源注入（Resource Injection）能使我们注入任何 JNDI 命名空间的资源到容器管理的对象中，如 Servlet、EJB 和托管 Bean。所要注入的资源可以是数据源、连接或用户资源变量。资源注入要使用@Resource 元注释进行声明，@Resource 元注释定义在 javax.annotation 包中。资源注入通过名称进行解析，所以它不是类型安全的。资源对象的类型在编译时是不知道的，无法进行类型验证，所以如果对象的类型和引用不匹配，就会出现运行时错误。

依赖注入（Dependency Injection）能够将常规 Java 类转换为托管对象，并且将它们注入到任何其他托管对象中。使用依赖注入，程序员的代码可以声明对任何托管对象的依赖关系。容器在运行时自动提供这些依赖项的实例，并且为程序管理这些实例的生命周期。依赖注入定义了作用域，它决定了容器实例化和注入对象的生命周期。例如，只要响应单个客户端请求（如货币转换器）的托管对象与在会话（如购物车）中处理多个客户端请求所需的托管对象有不同的作用范围。前者的范围为请求级，而后者的范围为会话级。

与资源注入不同，依赖注入是类型安全的，因为它是按类型解析的，可以借助接口类型实现代码的分离，可以使用接口类型引用注入的实例，而让托管 Bean 实现该接口类型。

资源注入和依赖注入的比较如表 3.1 所示。

表 3.1　资源注入和依赖注入的比较

注 入 机 制	可直接注入 JNDI 资源	可直接注入普通类	注 入 方 式	类 型 安 全
资源注入	是	否	资源名	否
依赖注入	否	是	类型	是

3. 范围的概念

范围（Scopes）是 Java EE 的一个重要概念，它定义了一个数据或实体存在和共享的界限。常用的范围有请求、会话、应用。

请求（Request）范围指的是持续于单个 Web 应用的 HTTP 请求存续期间，即客户端发出一个 HTTP 请求到请求被处理的期间。

会话（Session）范围指的是持续于多个 Web 应用的 HTTP 请求和回应存续期间，往往是一个应用需要数据持续一段时间。

应用（Application）范围指的是所有用户与应用程序交互的存续期间，其中可能包括多个会话。

还有两个不是常用的范围，即依赖（Dependent）和长会话（Conversation）。表 3.2 给出了这几个范围的说明。范围可以用相应的元注释标明，这几个与范围有关的元注释都定义在 javax.enterprise.context 包中。

表 3.2 范围的元注释和持续时间

范 围	元 注 释	持 续 时 间
Request	@RequestScoped	用户与 Web 应用之间单个 HTTP 请求的交互
Session	@SessionScoped	用户与 Web 应用之间跨越多个 HTTP 请求的交互
Application	@ApplicationScoped	跨越所有用户与 Web 应用之间交互的共享状态
Dependent	@Dependent	没有定义时的默认范围，这意味着一个存在的对象正确地服务于一个客户端并与客户端有相同的生命周期
Conversation	@ConversationScoped	用户与 JavaServer Faces 应用之间的交互，在明确的开发者控制的跨越 JavaServer Faces 生命周期的多次调用边界内。所有长运行对话是一个特定的 HTTP Servlet 会话的范围，不得交叉会话边界

也可以定义并实现用户范围，但这是一个高级话题，本书不讲述。

细心的读者已经发现，在第 2 章的“简单问候”实例中使用“@RequestScoped”范围的元注释修饰了 Backing Bean 类“Hello.java”，在“商品信息录入”实例中使用“@Session Scoped”范围修饰了“Commodity”类。

3.1.2 托管 Bean

上下文和依赖注入建立在 Java EE 6 新引入的一个名为托管 Bean（Managed Bean）的概念上。

1. Bean 概念的重新定义

CDI 重新定义了超出如 JavaBeans 和企业 JavaBeans（EJB）技术等其他 Java 技术中所使用的 Bean 概念。在 CDI 中，Bean 是定义了应用状态和逻辑的上下文对象源，如果其实例的生命周期可根据 CDI 规范中定义的生命周期上下文模型由容器管理，则 Java EE 组件是一个 Bean。

一个 Bean 还有以下属性：一个非空的 Bean 类型集合；一个非空的修饰符集合；一个范围；一个 Bean EL 名；一个拦截器绑定集合；一个 Bean 实现。

几乎任何 Java 类型都可以是一个 Bean 类型，如接口、实际类、抽象类、最终类、含有最终方法的类、参数化类型、数组类型。

2. 托管 Bean 的概念

一个顶级的 Java 类，如果它通过如 JavaServer Faces 技术规范等任何其他 Java EE 技术规范定义为托管 Bean，则它是一个托管 Bean（Managed Bean）。

一个 Java 类如果符合以下所有条件，则也是一个托管 Bean：（1）不是非静态内部类；（2）是一个实际类或以@Decorator 标示；（3）没有被标示为@EJB 组件定义元注释，没有被用 ejb-jar.xml 声明为 EJB Bean 类；（4）有一个恰当的构造方法，即或者类有一个无参构造方法，或者类用@Inject声明了构造方法。

在定义托管Bean时，没有什么（如元注释等）特别声明是必需的。

3. Bean作为可注入对象

自从Java EE 5平台面世以来，元注释已经使得注入资源和其他一些种类的对象到容器管理对象成为可能。CDI使得注入更多种类的对象和注入它们到非容器管理对象成为可能。以下种类的对象可以被注入。

- 任何Java类。
- 会话Bean。
- Java EE资源：数据源、Java消息服务题目，队列，连接工厂。
- 持久性上下文。
- 生产者域。
- 生产者方法返回的对象。
- Web服务引用。
- 远程企业Bean引用。

例如，定义了下面的Java类后，这个类成为Bean，可以以依赖注入的方式注入另一个类，如程序清单3.1所示。

程序清单3.1

```
package Hello;
import javax.enterprise.context.Dependent;

@Dependent
public class Wenhou {

    public Wenhou() {
    }

    public String Dazhaohu() {
        return "很高兴认识你！";
    }
}
```

至此，我们开始讨论在应用程序中如何实施注入。

3.2 依赖注入

3.2.1 创建一个支持依赖注入的项目

在NetBeans IDE环境下，创建一个能够运行依赖注入功能的项目——“热烈问候”。

创建一个JSF框架的Web应用项目——“简单问候”。启动NetBeans IDE，单击主菜单上的“文件”，选择“新建项目”后弹出一个“新建项目”对话框。在“类别”一栏中选择“Java Web”，在“项目”一栏中选择“Web 应用程序”，单击“下一步”按钮，弹出“新建 Web 应用程序”对话框。在“项目名称”中填写项目的名称，本实例采用默认的名称“WebApplication2”，在“项目位置”中填写项目将要存储的位置路径，单击“下一步”按钮，弹出“服务器和设置”对话框，在这个对话框中，除可以添加 Java EE 服务器的选项外，有一个“Java EE 版本”的下拉选择项，此处最好选择“Java EE 7 Web”的默认项，因为版本的缘故，Java EE 7 与 Java EE 6 和 Java EE 5 在 CDI 方面的区别还是比较大的。

单击“下一步”按钮，弹出“框架”对话框，此处选择“JavaServer Faces”，之后单击“完成”按钮，NetBeans IDE 完成项目的创建并打开“项目”的 Tab 页面和文件编辑区，此时可以看到已经有一个名为“index.xhtml”的文件出现在文件编辑区的窗口里了。

进入该项目，在“项目”窗口中找到“库”节点，用鼠标右击，在弹出的菜单中选择“添加库……”，在出现的窗口中找到“Java EE Web 7 API 库”选项，选定后单击下面的“添加库”按钮，之后会看到这个库已经被添加到项目中了，如图 3.1 所示。

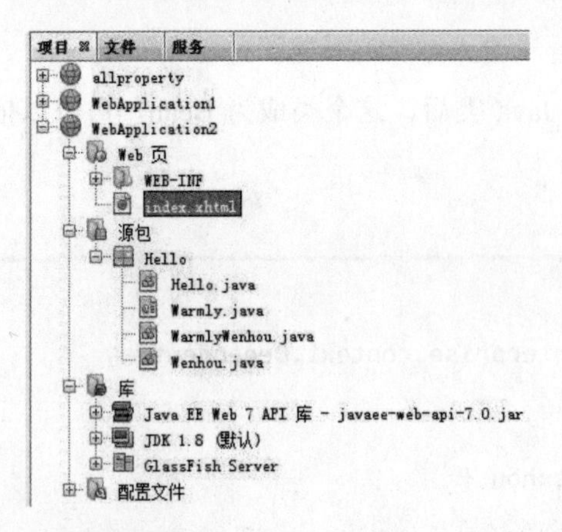

图 3.1 Web 应用项目“WebApplication2”的资源设置

之后，可以将代码加入到这个项目中。

3.2.2 用依赖注入的方式注入 Bean

1. 使用修饰符注入

可以使用修饰符（Qualifiers）提供一系列特定 Bean 类型实现，一个修饰符就是提供给 Bean 的一个元注释。确切地说，一个修饰符类型就是一个定义成如@Target({METHOD, FIELD, PARAMETER, TYPE})和@Retention（RUNTIME）这样的元注释。

可以定义一个“@Warmly”修饰符类型，并且在一个类的定义中使用它。定义修饰符的代码如程序清单 3.2 所示。

程序清单 3.2

```
package Hello;

import static java.lang.annotation.ElementType.FIELD;
```

```
import static java.lang.annotation.ElementType.METHOD;
import static java.lang.annotation.ElementType.PARAMETER;
import static java.lang.annotation.ElementType.TYPE;
import java.lang.annotation.Retention;
import static java.lang.annotation.RetentionPolicy.RUNTIME;
import java.lang.annotation.Target;
import javax.inject.Qualifier;

@Qualifier
@Retention(RUNTIME)
@Target({TYPE, METHOD, FIELD, PARAMETER})
public @interface Warmly {
}
```

这样，“@Warmly”修饰符类型就定义好了，可以用它来定义一个在程序清单 3.1 中已经定义的 Wenhou 类的扩展类，代码如程序清单 3.3 所示。

程序清单 3.3

```
package Hello;

import javax.enterprise.context.Dependent;

@Warmly
@Dependent
public class WarmlyWenhou extends Wenhou {

    @Override
    public String Dazhaohu() {
        return "好久不见了呀! 老朋友!! ";
    }
}
```

到此为止，我们实际上定义了两个类：程序清单 3.1 中定义的 Wenhou 类和程序清单 3.3 中定义的 WarmlyWenhou 类。很明显，WarmlyWenhou 类继承自 Wenhou 类并重写了 Dazhaohu 方法，并且在类定义时使用了@Warmly 修饰符。

可以依据 CDI 规范将其注入到另一个应用中去，如可以定义另一个 Bean 名为 Hello，向其中注入名为 Wenhou 的 Bean。代码如程序清单 3.4 所示。

程序清单 3.4

```
package Hello;

import javax.faces.bean.ManagedBean;
import javax.inject.Inject;
```

```
@ManagedBean
public class Hello {

    @Inject
    @Warmly
    public Wenhou wenhou;

    private String wenhouyu;

    public Hello() {
    }

    public String getWenhouyu() {
        return wenhouyu;
    }

    public void setWenhouyu() {
        this.wenhouyu = "你好啊! " + wenhou.Dazhaohu();
    }

}
```

实现依赖注入过程的关键是在被注入的两个类中使用了“@Dependent”元注释，并且在注入的 Bean 中，在所注入的对象实例应用前使用了“@Inject”元注释。

程序清单 3.4 中的代码向 Hello 类中注入的是默认的 Wenhou 类的实现，即程序清单 3.1 中定义的实现；而由于使用了@Warmly 修饰符的缘故，实际注入的是 WarmlyWenhou 类的实现，即程序清单 3.3 中定义的实现。两者的差异是显而易见的，这就是使用@Warmly 修饰符的作用。

如果想在 JSF 应用中使用上面定义的 Hello 类，条件还不够，因为 Bean 必须是可以通过 EL 访问的。

2. 使用范围

对于一个使用注入了另一个 Bean 的 Web 应用而言，被使用的 Bean 需要在用户与 Web 应用交互的整个期间保持状态。定义这个状态的途径是给予 Bean 一个范围(Scopes)。可以将表 3.2 中所给出的任何一个范围描述赋予一个对象，究竟赋予哪个描述取决于如何使用它。

用户范围可能被用于那些实施和扩大的 CDI 规范。范围给了对象一个良好定义的生命周期上下文。范围对象当需要时可被自动生成，当其所在的上下文被终结时可被自动销毁。此外，它的状态自动被运行于同一个上下文的客户端所共享。

如果是创建一个托管 Bean 的 Java EE 组件，它即成为一个存在于良好定义的上下文中的范围对象。程序清单 3.4 中的 Hello 类可以进一步修改，为之添加范围修饰。

3. 给 Bean 一个 EL 名

要想让 Hello 类通过 EL 可访问，可以用@Named 修饰符。这就给了这个 Bean 一个默认的名字，名字为首字母小写的 Bean 类名字符串。这样，一个页面将会用“hello 类”名字引用这个 Bean。程序清单 3.5 给出了完整的 Hello 类的定义代码。

程序清单 3.5

```
package Hello;

import javax.faces.bean.ManagedBean;
import javax.faces.bean.RequestScoped;
import javax.inject.Inject;
import javax.inject.Named;

@Named()
@ManagedBean
@RequestScoped
public class Hello {

    @Inject
    @Warmly
    public Wenhou wenhou;

    private String wenhouyu;

    public Hello() {
    }

    public String getWenhouyu() {
        return wenhouyu;
    }

    public void setWenhouyu() {
        this.wenhouyu = "你好啊! " + wenhou.Dazhaohu();
    }

}
```

在使用@Named 元注释时，还可以定义非默认名字，将@Named 修改为

```
@Named("AWarmHello")
```

的形式，Web 页面中即可使用“AWarmHello”引用该 Bean。

4. 添加 setter 和 getter 方法

要想让托管 Bean 成为可访问的，还需要向其中添加 setter 和 getter 方法，使用 setter 和 getter 方法的好处是可以使类的属性对外不公开，但是还保留了访问属性的手段。setter 和 getter 方法一般习惯用 setXXX 和 getXXX 的方式命名，但也可以用其他方式。

在完成了完整的 Hello 类的定义后，我们就可以在 Web 层中使用这个 Bean 了。在页面

中使用托管 Bean，需要生成一个表单，使用用户界面元素调用其方法并显示结果。具体的页面代码如程序清单 3.6 所示。

程序清单 3.6

```
<?xml version='1.0' encoding='UTF-8' ?>
<!DOCTYPE html PUBLIC "-//W3C//DTD XHTML 1.0 Transitional//EN"
   "http://www.w3.org/TR/xhtml1/DTD/xhtml1-transitional.dtd">
<html xmlns="http://www.w3.org/1999/xhtml"
      xmlns:h="http://xmlns.jcp.org/jsf/html"
      xmlns:f="http://xmlns.jcp.org/jsf/core">

    <h:head>
        <title>热情问候! </title>
    </h:head>
    <h:body>
        <h:form>
            <h:commandButton id="submit" value="问候" action="#{hello.setWenhouyu}">
            </h:commandButton>
            <br/>
            <h:outputText id="hello" value="#{hello.wenhouyu}"/>
        </h:form>
    </h:body>
</html>
```

3.2.3 用生产者方法注入对象

生产者方法（Producer Methods）提供了一种方式来注入那些不是 Bean 的对象，对象的值在运行时可能会有所变化，对象还需要用户初始化。例如，想初始化一个用@MaxNumber 修饰符定义的数值，可以在托管 Bean 中定义一个值：

```
private int maxNumber = 100;
```

然后给它定义一个生产者方法 getMaxNumber：

```
@Produces
@MaxNumber
int getMaxNumber() {
return maxNumber;
}
```

当将这个对象注入到另一个托管 Bean 中时，容器会自动调用生产者方法，初始化数值为 100。

```
@Inject
@MaxNumber
private int maxNumber;
```

如果数值在运行期间内有变化，处理会略有不同。这种注入方式的具体代码可以参照 Oracle 公司官方的 guessnumber 实例，可以在 NetBeans IDE 中找到并运行。

3.2.4 配置一个 CDI 应用

在 Java EE 6 中，使用 CDI 的应用必须有一个名为 beans.xml 的文件，文件可以是空的，但是必须出现，事实上 beans.xml 只有在某些特定场合中才有内容。对于 Web 应用而言，beans.xml 文件或者在 WEB-INF 文件夹中，或者在 WEB-INF/classes/META-INF 文件夹中；对于 EJB 或 JAR 文档而言，beans.xml 文件必须在 META-INF 文件夹中。在 NetBeans IDE 中可以自动创建这个文件。在 Java EE 7 中，CDI 1.1 规范删除了这个文件，所以如果在创建项目时选择了“Java EE 7 Web”选项，则项目中就不会有这个文件了。

在后面的章节中，我们还会看到其他一些方式的依赖注入的实例。

3.3 资源连接和资源注入

3.3.1 资源与 JNDI 命名

1. 资源与 JNDI 命名

资源是一个提供连接给系统的程序对象，如数据库服务器和消息系统。每个资源对象由一个独特的、用户友好的名字辨别，称为 JNDI 名。在一个分布式应用系统中，组件需要访问其他组件，也需要访问数据库等资源，JNDI（JavaNaming and Directory Interface，Java 命名和目录接口）命名服务确保组件能够定位组件和资源。

一个资源对象与其 JNDI 名被命名并和目录服务绑定在一起，生成一个新的资源，一个新的名字/对象绑定也被送入 JNDI 命名空间。

2. 数据源对象与连接池

存储、组织和恢复数据等工作，大部分应用程序采用关系式数据库，Java EE 组件也可以像以往的版本一样用 JDBC API 访问关系式数据库。在 JDBC API 中，使用 DataSource 对象访问数据库。在 DataSource 中，有一套属性用来辨别和描述真实世界中的数据源。这些属性包括数据库服务器的位置、数据库名称、与服务器通信所使用的网络协议等信息。

应用程序使用连接（Connection）访问数据源，一个 DataSource 对象可以被看作一个连接到 DataSource 实例所代表的特定数据源的工厂。在一个基本的 DataSource 实现中，一个对于 getConnection 方法的调用将返回一个连接对象，这个连接对象是一个到数据源的物理连接。DataSource 对象可以通过 JNDI 命名服务注册，这样，应用程序可以使用 JNDI API 访问 DataSource 对象，借以连接其所代表的数据源。

实现连接池的 DataSource 对象也产生到 DataSource 类所代表的特定数据源的连接，连接池对应用系统代码没有影响，当应用系统关闭一个连接时，这个连接将回到池中成为可再用连接。当下一次调用 getConnection 方法时，连接池中的某个连接将被再利用。由于连接池避免了在每个请求时都创建一个新的物理连接，所以应用程序运行速度明显加快。因为生成一个物理连接比较费时，服务器保持一个有效连接的连接池可以提高性能，所以实际上 JDBC 连接池就是连接到特定数据库的一组连接。

使用持久性 API 的应用程序则使用 persistence.xml 文档的 jta-data-source 元素定义正在

使用的数据源，格式为：

```
<jta-data-source>jdbc/MyOrderDB</jta-data-source>
```

这也是持久性单元对于 JDBC 数据源的唯一引用，应用程序代码不引用任何 JDBC 对象。

3.3.2 资源注入

javax.annotation.Resource 元注释用来声明对一个资源的引用，@Resource 元注释能修饰类、域或方法。

@Resource 元注释包含以下元素：name，资源的 JNDI 名；type，资源的 Java 语言类型；authenticationType，资源要用的认证；shareable，指示资源是否可以共享；mappedName，一个资源应被映射到不可移植的实现所定义的名称；description，资源的描述。

资源注入分为基于域的注入、基于方法的注入和基于类的注入。

1. 基于域的注入

要使用基于域的注入，就要使用@Resource 元注释说明和修饰域。在这种情况下，@Resource 元注释的 name 元素和 type 元素可以不给出，此时容器可以推断出资源的名字就是域的名字，资源的类型就是域的类型。

对于基于域的注入而言，容器将在应用程序初始化时注入资源。

2. 基于方法的注入

要使用基于方法的注入，就要使用@Resource 元注释说明和修饰类中的 setter 方法。在这种情况下，如果@Resource 元注释的 name 元素和 type 元素不给出，容器也可以推断出资源的名字是 setter 方法所操作的属性的名字，资源的类型是 setter 方法的参数的类型。

对于基于方法的注入，容器也将在应用程序初始化时注入资源。

3. 基于类的注入

要使用基于类的注入，就要使用@Resource 元注释说明和修饰类。此时@Resource 元注释的 name 元素和 type 元素是必须使用的，要通过这两个元素明确给出资源的名字和类型。在基于类的注入时，可以使用多个@Resource 元注释说明和修饰类，意为向类中注入多个资源。

对于基于类的注入，容器将在运行时查找资源。

本章涉及的 API：

javax.annotation 包中的@ManagedBean 元注释、@Resource 元注释；
javax.inject 包中的@Inject 元注释；
javax.enterprise.context 包中的范围元注释；
javax.inject 包中的@Qualifier 元注释；
javax.inject 包中的@Named 元注释；
javax.enterprise.deploy.spi 包中的@Target 元注释；
java.lang.annotation 包中的@Retention 元注释；
java.lang.annotation 包中的@Target 元注释；
java.lang.annotation 包中的@Override 元注释；
javax.enterprise.inject.spi 包中的@Produces 元注释。

第 4 章　企业 Bean

本章主要内容： 企业 Bean 是 Java EE 体系中的核心内容之一，是封装了应用业务逻辑的重要的 Java EE 服务器端组件。企业 Bean 运行在 EJB 容器中，主要为应用程序提供业务逻辑的支持，承担多层应用体系结构中业务逻辑层的工作。本章介绍企业 Bean 的基本概念、企业 Bean 的发展、企业 Bean 新的技术规范，讲解有状态会话 Bean、无状态会话 Bean、单身会话 Bean、消息服务与消息驱动 Bean 等几种企业 Bean 类型的生命周期、开发设计和使用等知识。最后简要介绍使用嵌入式企业 Bean 容器和异步方法调用。

建议讲授课时数： 6 课时。

4.1　企业 Bean 概述

4.1.1　什么是企业 Bean

企业 Bean（Enterprise Bean）也称企业 JavaBeans（Enterprise JavaBeans，EJB），是用 Java 语言开发的，封装和概括了应用业务逻辑的服务器端组件。在某些应用程序中，企业 Bean 可能会在某些特定方法中实现描述具体的业务内容和目的的业务逻辑。通过调用这些方法，客户端可以访问应用程序提供的业务服务。

Java EE 框架将实现业务逻辑的部分与呈现用户界面的部分分离开来，是 MVC 设计思想的直接体现，其好处在于可以简化大型分布式应用系统的开发和维护，在多层应用体系结构中，业务逻辑层的工作就是由企业 Bean 承担的。一方面，因为 EJB 容器给企业 Bean 提供了系统级的服务，所以企业 Bean 开发者完全可以将思想集中于解决业务问题，EJB 容器比企业 Bean 的开发者更好地为诸如事务管理（Transaction Management）、安全授权（Security Authorization）等系统级服务负责。另一方面，因为企业 Bean 比客户端包含了更多的应用业务逻辑，客户端的开发者可以着重于客户端的外观表现，而不必去编写实现业务规则或访问数据库的代码。这样分离的直接结果是客户端可以更“瘦”了，更为重要的是客户端可以运行在更小的设备上。

4.1.2　企业 Bean 的发展

EJB 技术规范是随最早的 Java 企业版本 J2EE 1.2 一起诞生的，版本号为 EJB 1.0，随着 Java 企业版本的提升进行了多次改进。

EJB 1.0 版本提供了良好的分布式支持功能，提出了有状态服务和无状态服务两种服务器对象。

EJB 1.1 版本开始正式支持实体 Bean，成为 EJB 核心规范之一，这个规范导致了后来广为诟病的实体问题。

EJB 2.0 版本将远程访问与本地访问分离开来，减少了远程访问的数量，降低了系统的开销，并且增强了实体 Bean 的功能。EJB 2.0 提出了会话 Bean、BMP（Bean Managed Persistence，Bean 管理的持久性）和 CMP（Container Managed Persistence，容器管理的持久性）等概念，提出了消息驱动 Bean 的概念。

EJB 2.1 版本增加了 Web 服务的支持，使得在异构系统下系统的整合更为便捷。EJB 2.1 版本增强了 EJB-QL 的功能，提供了更为强大的查询支持。但到了这个版本，业内对 EJB 的非议也达到了顶点。

革命性的变革发生在 EJB 3.0 版本推出的时候，2006 年随着 Java EE 5 的推出，公布了 EJB 3.0 版本，这次更新是变化比较大的一次，对目前的 Java EE 应用影响也是比较大的。在 EJB 3.0 版本中，取消了实体 Bean，代之以持久性 API，允许在 Bean 类中使用 Java 语言元注释代替部署描述符，简化了 Bean 的访问接口定义。经过如此改进，EJB 3.0 版本对于程序员编写环节的要求大大降低，整个开发过程大大改进。

随着 Java EE 6 和 Java EE 7 的发布，EJB 3.1 版本和 EJB 3.2 版本相继发布，对 EJB 又进行了一些局部改进，在 EJB 3.1 版本中首次定义了单身会话 Bean。可以说从 EJB 2.*x* 版本到 EJB 3.*x* 版本，EJB 技术规范克服了以往困扰开发人员的严重问题，迎来了重要的发展机遇，EJB 技术更有利于简化开发设计过程，从而使得 Java EE 的开发设计更受用户欢迎。

修改 EJB 规范的目的是为了简化企业 Bean 的开发过程，减少开发者在开发过程中所需要实现的类和接口的数量，有利于企业 Bean 的使用。EJB 2.*x* 版本的配置方法是部署描述符，EJB 3.*x* 版本改为采用元注释的方式实现配置。为了兼容以往的 EJB 版本，在 EJB 3.*x* 版本中，EJB 容器同时支持元注释和部署描述符。

4.1.3 企业 Bean 的类型

到 Java EE 7 为止，最新的 EJB 规范版本是 EJB 3.2，其中定义有会话 Bean 和消息驱动 Bean 两种企业 Bean。会话 Bean 又分为有状态会话 Bean、无状态会话 Bean 和单身会话 Bean 三种。

4.1.4 开发企业 Bean 的基本要求

在分布式应用系统中，企业 Bean 是一个具有独立身份的组件，对外通常表现为 JavaBeans 类，但很多时候并不只有一个类，为了定义这样的类，可能会需要一些类作为 Bean 类的辅助类，根据需要，有时在 Bean 类的定义前先要定义接口，在接口的基础上实现 Bean 类。

1. 开发企业 Bean 的一般步骤

开发企业 Bean，必须提供以下文件。

（1）企业 Bean 类，其中要实现企业 Bean 的业务方法和生命周期回调方法。

（2）业务接口，以声明方式定义要由企业 Bean 类实现的业务方法。只有在企业 Bean 公开了本地无接口视图，让客户端可以直接访问方法成员时，才可以不要求给出业务接口。

（3）帮助类，企业 Bean 类定义过程中需要的其他类，如异常类和实用类。

将上述文件打包到 EJB JAR（Java Archive）文件或 WAR（Web Archive）文件中，即可

实现安装部署等工作。

2. 企业 Bean 的命名习惯

一般来说，如果业务接口的名字已经确定，则企业 Bean 类的名字为业务接口的名字之后加“Bean”，企业 Bean 组件的名字与企业 Bean 类的名字相同，EJB JAR 文件的显示名字为业务接口的名字之后加“JAR”。例如，定义了业务接口的名字为“Calculate”，则企业 Bean 类的名字就相应地为“CalculateBean”，企业 Bean 组件的名字同样为“CalculateBean”，EJB JAR 的显示名字为“CalculateJAR”。

3. 使用企业 Bean

在以下几种情况下，系统设计者可以考虑使用企业 Bean。

（1）系统必须被设计成可升级的。考虑到系统日益增加的用户数量，需要采用多服务器方案，将应用组件分布到多台机器上，这不仅意味着企业 Bean 需要在不同的机器上运行，而且其在系统中的位置还要对客户端保持透明。

（2）事务必须确保数据的完整。企业 Bean 支持事务（Transaction）这种管理共享对象的并发访问机制。

（3）应用系统有多种客户端。仅需为数不多的代码，远程客户端就能容易地定位企业 Bean，这些客户端可以是多种多样的，包括桌面终端和移动终端，客户端无须安装模块，即是“瘦”的。

4. 在 NetBeans IDE 下开发企业 Bean

打开 NetBeans IDE，在主菜单上选择“文件”，单击“新建项目……”，将出现“新建项目”对话框，如图 4.1 所示。

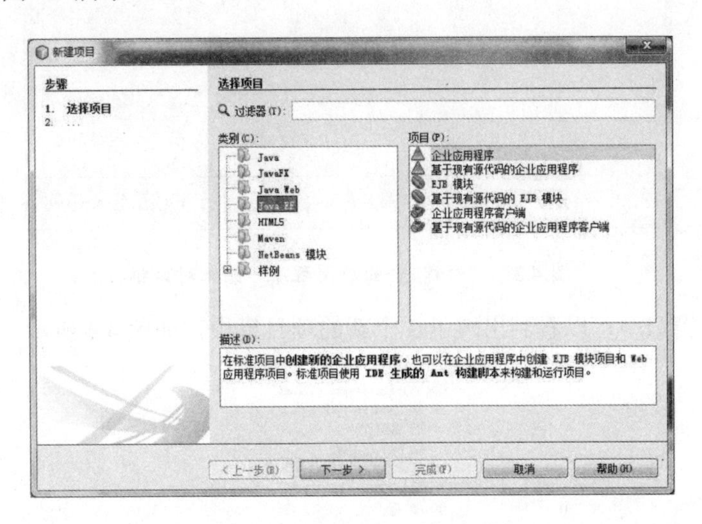

图 4.1　“新建项目”对话框

在“类别”一栏选择“Java EE”，在“项目”一栏选择“企业应用程序”，之后单击“下一步”按钮，将出现“新建 企业应用程序”对话框，如图 4.2 所示。在此依次写入“项目名称”“项目位置”“项目文件夹”，可以使用默认的位置和文件夹。注意，在这个对话框中不要选择“使用专用文件夹存储库”。之后单击“下一步”按钮，出现如图 4.3 所示的对话框。

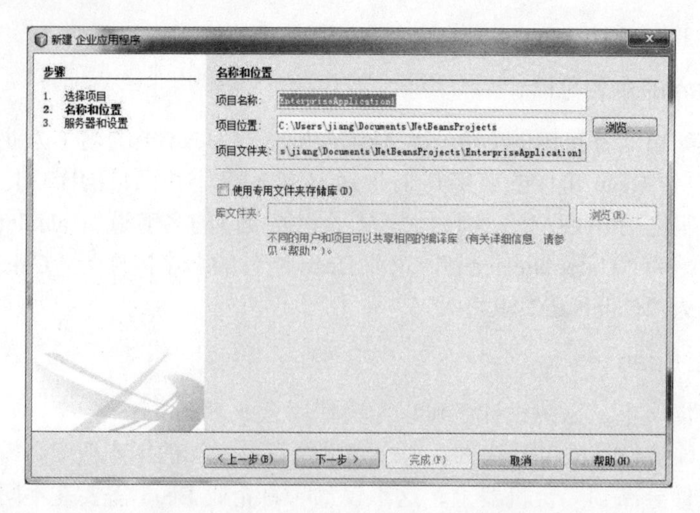

图 4.2 “新建 企业应用程序”对话框

在“新建 企业应用程序”结束对话框中，勾选“创建 EJB 模块”和“创建 Web 应用程序模块”两个复选项，之后单击“完成”按钮。NetBeans IDE 将创建项目模块。

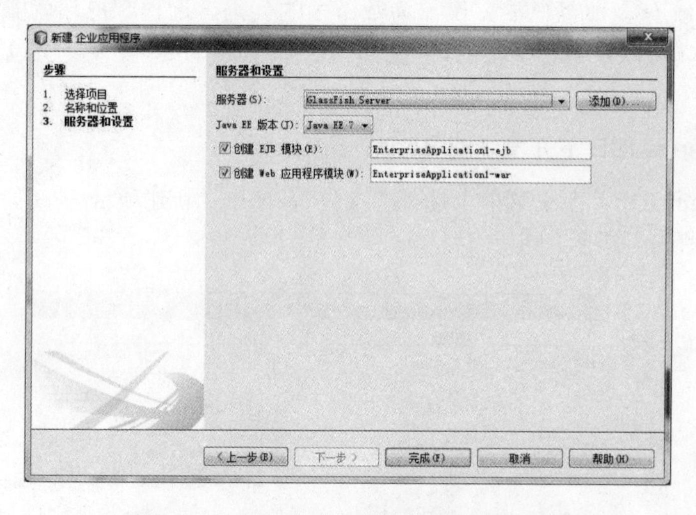

图 4.3 “新建 企业应用程序”结束对话框

之后在项目窗口中可以看到出现了 3 个新的项目模块，如图 4.4 所示。

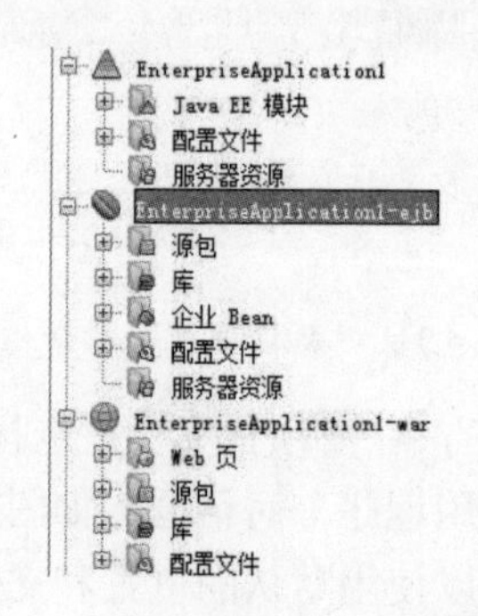

图 4.4 项目窗口中的项目模块

在项目窗口中分别单击“EnterpriseApplication1”节点、“EnterpriseApplication1-ejb”节点和“EnterpriseApplication1-war”节点，会发现在“EnterpriseApplication1”节点下并不包含源包，所有的源代码包都包括在其他两个节点下。用鼠标右击“EnterpriseApplication1-ejb”节点，选择“新建”，然后选择“会话 Bean……”或“消息驱动 Bean……”，就可以分别创建不同种类的 Bean 了；选择 “实体类……”，则可以创建能够再现数据库表的实体 Java 类。

4.2 会话 Bean

4.2.1 什么是会话 Bean

会话 Bean 囊括了客户端可以通过本地的、远程的和 Web 服务客户端所能够程序化调用的业务逻辑。要访问部署在服务器上的一个应用，客户端就要调用会话 Bean 的方法。会话 Bean 施行了其客户端的工作，通过在服务器上运行业务工作使其避免复杂性。

会话 Bean 共有三种：有状态会话 Bean、无状态会话 Bean 和单身会话 Bean。

4.2.2 访问会话 Bean 的几种方式

客户端既可以通过业务接口（business interface）访问会话 Bean，也可以通过无接口视图（no-interface view）访问会话 Bean，这一点从 Java SE 的语法角度不难理解。业务接口是一个标准的 Java 编程语言接口，它包含企业 Bean 的业务方法。会话 Bean 的无接口视图向客户端公开会话 Bean 实现类的公有方法，客户端可以由此以实例引用访问会话 Bean 实现类及其所有父类的公有方法。客户端通过无接口视图访问会话 Bean 类似于在 Java SE 中从一个类访问另一个类。

设计良好的业务接口和无接口视图可以简化开发和维护 Java EE 应用程序。这是因为实现接口和方法的代码在会话 Bean 一方，而调用接口和方法的代码位于客户端一方，并且通常是公开和固定的。更新会话 Bean 一方的业务方法的实现可以不修改客户端代码，而如果改变接口和方法的定义则必须修改客户端的方法调用代码。由于这个原因，在实际开发工作中给出良好的接口定义和无接口视图定义是非常重要的，可以给后期的系统版本升级工作带来方便，避免因为会话 Bean 的升级而带来客户端的更改。

会话 Bean 可以有不止一个业务接口，可以根据程序设计需要实现其业务接口。

可以在 Java EE 中使用以下几种方式实现对会话 Bean 的访问。

1. 在客户端使用企业 Bean 访问会话 Bean

企业 Bean 的客户端或者通过依赖注入（Dependency Injection），或者使用 Java 编程语言的元注释，或者通过 JNDI（JavaNaming and Directory Interface，Java 命名和目录接口）查找，得到会话 Bean 的实例的引用。在这三种方式中，依赖注入是获得企业 Bean 实例引用的最简单的途径，运行在 Java EE 服务器管理环境中的客户端、JSF Web 应用程序、JAX-RS Web 服务，其他企业 Bean 或 Java EE 应用程序客户端等都支持依赖注入，所以依赖注入是编程中的首选。客户端支持的依赖注入最常见的是使用 javax.ejb.EJB 注释的依赖注入。后面我们会看到这样的实例。

最近几年，移动终端系统逐渐成为主流平台，在移动平台上也可以实现使用会话Bean，可以使用 java:global、java:module 和 java:app 这三个名字进行移动端的 JNDI 查找。

在设计 Java EE 应用程序时，首先要做的决定之一是企业 Bean 允许的客户机访问方式：远程、本地或 Web 服务，因为不同的访问方式需要采用不同的定义方式来定义企业 Bean。

2. 通过本地客户端访问会话 Bean

本地客户端是指与被访问的企业 Bean 运行在同一个应用中的客户端，它可以是一个 Web 组件，或者是另一个企业 Bean。对于本地客户端而言，所访问的企业 Bean 的位置是不透明的。

本地客户端访问会话 Bean 的方式有两个。

通过无接口视图直接访问企业 Bean。因为对于本地客户端而言，企业 Bean 类中所定义的公共方法是公开的，打算采用这种方式使用的企业 Bean 在设计时可以不定义业务接口而直接定义企业 Bean 类。

通过本地业务接口访问 Bean。需要将企业 Bean 的业务接口定义为本地业务接口，实现的方式有以下三种：第一种，可以通过使用@Local 元注释修饰企业 Bean 的业务接口的方式声明业务接口为本地接口；第二种，不用@Remote 或@Local 元注释中的任何一个修饰企业 Bean 的业务接口，使得业务接口被默认为本地接口；第三种，使用@Local 元注释修饰企业 Bean 类。

第一种方式的代码形式为：

```
@Local
public interface InterfaceName { ... }
```

第三种方式的代码形式为：

```
@Local(InterfaceName.class)
public class BeanName implements InterfaceName { ... }
```

在客户端，可以采用依赖注入的方式获得企业 Bean 的对象实例引用，实现依赖注入需要用到 javax.ejb.EJB 元注释，用元注释修饰客户端里所声明的企业 Bean 的对象实例。形式为：

```
@EJB
ExampleBean exampleBean;
```

或者

```
@EJB
Example example;
```

前者为使用企业 Bean 实现类声明的对象实例，后者为用业务接口声明的对象实例。

特别要强调一下，绝对不能在客户端使用“new”运算符生成企业 Bean 的对象实例引用。

3. 通过远程客户端访问会话 Bean

远程客户端是指与被访问的企业 Bean 运行在不同的机器上，因此也运行在不同的 Java 虚拟机上的客户端，它可以是一个 Web 组件，也可以是一个 Application 客户端，或者是另一个企业 Bean。对于远程客户端，所访问的企业 Bean 的位置是透明的。打算采用这种方式使用的企业 Bean 在设计时必须定义业务接口，在实现类中实现业务接口，因为远程客户端不能访问无接口视图。

定义可以通过远程客户端访问的会话 Bean 时，要么像下面这样用@Remote 修饰业务接口：

```
@Remote
public interface InterfaceName { ... }
```

要么像下面这样用@Remote 修饰 Bean 类：

```
@Remote(InterfaceName.class)
public class BeanName implements InterfaceName { ... }
```

在远程客户端采用依赖注入的方式获得企业 Bean 的对象实例引用的代码与上述本地客户端的相同。

如果在设计企业 Bean 时不能确定应该具有的访问类型，最好选择远程访问类型。这样选择保留更多的弹性，使得在部署企业 Bean 时有更多的选择余地。

4. 通过 Web 服务客户端访问会话 Bean

企业 Bean 和 Web 组件都可以作为 Web 服务客户端。

Web 服务客户端可以通过两个途径访问 Java EE 应用程序：Web 服务客户端可以访问用 JAX-WS 创建的 Web 服务；Web 服务客户端可以调用一个无状态会话 Bean 的业务方法。任何 Web 服务客户端可以访问无状态会话 Bean，但 Web 服务客户端不能访问消息驱动 Bean。

Web 服务是一种跨平台的信息交流手段，不仅限于 Java 平台。无论客户端是用 Java 语言编写的还是用其他语言编写的，只要它使用正确的协议，包括 SOAP、WSDL、HTTP，都可以访问无状态会话 Bean。在 Web 服务的框架下，客户端无须知道所访问的目标使用什么技术实现。在 Java EE 环境下，企业 Bean 和 Web 组件可以是 Web 服务客户端，借助这个便利条件，可以将 Java EE 应用程序与 Web 服务集成在一起。

Web 服务客户端通过企业 Bean 的 Web 服务末端实现类来访问无状态会话 Bean。默认 Bean 类的所有公有方法对于 Web 服务客户端都是可访问的。还可以使用@WebMethod 元注释修饰 Bean 类的方法，如果这样做，则只有用@WebMethod 元注释修饰的方法才是向 Web 服务客户端公开的。

4.2.3 有状态会话 Bean

1. 有状态会话 Bean 的概念

有状态会话 Bean（Stateful Session Bean）的实现类通常会包含类变量成员，当一个有状态会话 Bean 实例存在时，其变量成员通常用来保存一个特定的客户端与有状态会话 Bean 实例会话的状态，这种状态通常称为会话状态。有状态会话 Bean 不是共享的，每个有状态会话 Bean 的对象实例只能有一个客户端，这个实例与这个客户端是一一对应的。会话状态在会话存续期间保留，如果客户端删除了 Bean，会话将终止，状态就消失了。正因为如此，这种会话 Bean 才称为有状态会话 Bean。

有状态会话 Bean 适合在下列任何条件具备的情况下使用：会话 Bean 的状态表现会话 Bean 与特定的客户端的交互；会话 Bean 需要通过方法调用保持客户端的信息；会话 Bean 在客户端与应用的其他组件之间调节，向客户端表现简化的外观；在幕后，这个 Bean 管理几个企业 Bean 的工作流程。

2. 有状态会话 Bean 的生命周期

在有状态会话 Bean 的生命周期中，分为不存在态（Does Not Exist）、就绪态（Ready）和钝化态（Passive）。

客户端获得一个有状态会话 Bean 的引用开始其生命周期。容器执行依赖注入并调用标示了@PostConstruct 元注释的方法，如果存在这样的方法，有状态会话 Bean 变为就绪态，其业务方法可由客户端调用；在就绪态时，EJB 容器可以通过将 Bean 从内存移出到二级存储使 Bean 失效，容器立即调用标示了@PrePassivate 元注释的方法，如果存在这样的方法，Bean 转为钝化态；当 Bean 处于钝化态时，如果客户端调用了 Bean 的业务方法，EJB 容器调用标示了@PostActivate 元注释的方法，如果存在这样的方法，激活 Bean 并将 Bean 移回就绪态；在生命周期的最后，客户端调用标示了@Remove 元注释的方法，EJB 容器调用标示了@PreDestroy 元注释的方法，如果存在这样的方法，Bean 实例将等待垃圾收集。

有状态会话 Bean 的生命周期如图 4.5 所示。

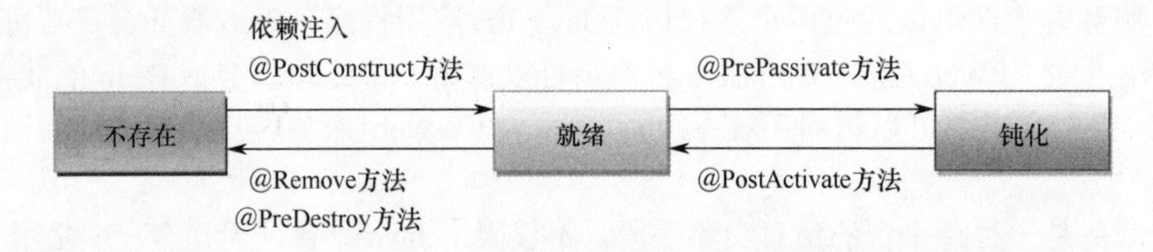

图 4.5　有状态会话 Bean 的生命周期

用@PostConstruct、@PreDestory、@PostActivate、@PrePassivate 等元注释标示的方法称为有状态会话 Bean 的生命周期回调方法（Lifecycle Callback Methods），前两个元注释定义在 javax.annotation 包中，后两个元注释定义在 javax.ejb 包中。

3. 开发有状态会话 Bean

在线书店购物车是 Oracle 给出的一个实例，下面简单讲解这个例子，说明有状态会话 Bean 的开发过程。

第一步：定义业务接口。

业务接口中要清晰、明确地定义有状态会话 Bean 实现类中要实现的所有业务方法，以便于客户端调用有状态会话 Bean 中的方法，尤其是便于以远程的方式调用。业务接口通常要用@Remote 元注释标示为远程业务接口，如果用@Local 元注释标示或不用这两个元注释中的任何一个标示，则为本地业务接口。当确定一个有状态会话 Bean 仅用于本地访问时，可以不定义业务接口。

程序清单 4.1 给出了远程业务接口 Cart 的定义。客户端可以向购物车中增加书、减少书、检索购物车的内容，在这个接口中声明了相应的方法。

程序清单 4.1

```
import cart.util.BookException;
import java.util.List;
import javax.ejb.Remote;
```

```
@Remote
public interface Cart {
    public void initialize(String person) throws BookException;
    public void initialize(String person, String id)
        throws BookException;
    public void addBook(String title);
    public void removeBook(String title) throws BookException;
    public List<String> getContents();
    public void remove();
}
```

第二步：开发会话 Bean 类。

如果业务接口命名为 Cart，则会话 Bean 类应命名为 CartBean。程序清单 4.2 是会话 Bean 类的代码。

程序清单 4.2

```
import java.io.Serializable;
import java.util.ArrayList;
import java.util.List;
import javaeetutorial.cart.util.BookException;
import javaeetutorial.cart.util.IdVerifier;
import javax.ejb.Remove;
import javax.ejb.Stateful;

@Stateful
public class CartBean implements Cart {
    List<String> contents;
    String customerId;
    String customerName;

    @Override
    public void initialize(String person) throws BookException {
        if (person == null) {
            throw new BookException("Null person not allowed.");
        } else {
            customerName = person;
        }
        customerId = "0";
        contents = new ArrayList<String>();
    }

    @Override
    public void initialize(String person, String id) throws BookException {
        if (person == null) {
            throw new BookException("Null person not allowed.");
        } else {
```

```
            customerName = person;
        }
        IdVerifier idChecker = new IdVerifier();
        if (idChecker.validate(id)) {
            customerId = id;
        } else {
            throw new BookException("Invalid id: " + id);
        }
        contents = new ArrayList<String>();
    }

    @Override
    public void addBook(String title) {
        contents.add(title);
    }

    @Override
    public void removeBook(String title) throws BookException {
        boolean result = contents.remove(title);
        if (result == false) {
            throw new BookException("\"" + title + " not in cart.");
        }
    }

    @Override
    public List<String> getContents() {
        return contents;
    }

    @Remove()
    @Override
    public void remove() {
        contents = null;
    }
}
```

这个类用@Stateful 元注释标示，说明它是一个有状态会话 Bean 类，其中实现了业务接口 Cart，给出了业务接口 Cart 中声明的业务方法的方法体。

有状态会话 Bean 类中的方法还可以通过使用元注释被声明为生命周期回调方法，生命周期回调方法的返回类型必须为“void”且不能有参数。

用@Remove 元注释标示的方法可以被客户端调用，用来清除 Bean 实例，在这样的方法被调用之后，容器将清除会话 Bean。

用@Override 元注释标示的方法说明是覆盖方法，即重写了父类中的方法或实现了接口中的方法。

第三步：编写帮助类。

在上面的 CartBean 类中，引入了两个类 Verifier 和 BookException，Verifier 是一个起验证作用的实用类，BookException 是用户定义的一个异常类。像这种帮助会话 Bean 类完成一定功能的单独定义的类统称为帮助类，这也是会话 Bean 的组成部分。

程序清单 4.3 和程序清单 4.4 分别给出了两个帮助类的代码。

程序清单 4.3

```
public class IdVerifier {
    public IdVerifier() {
    }

    public boolean validate(String id) {
        boolean result = true;
        for (int i = 0; i < id.length(); i++) {
            if (Character.isDigit(id.charAt(i)) == false) {
                result = false;
            }
        }
        return result;
    }
}
```

程序清单 4.4

```
public class BookException extends Exception {

    private static final long serialVersionUID = 6274585742564840905L;

    public BookException() {
    }

    public BookException(String msg) {
        super(msg);
    }
}
```

第四步：编写客户端。

程序清单 4.5 给出的是访问 CartBean 的一个客户端的设计方案，这个方案采用了 Application 程序作为访问 CartBean 的客户端，其中使用了依赖注入，利用@EJB 元注释注入了一个业务接口 Cart 的一个对象实例引用“cart”。

程序清单 4.5

```
import java.util.Iterator;
import java.util.List;
```

```
import javax.ejb.EJB;
import cart.ejb.Cart;
import cart.util.BookException;

public class CartClient {

    @EJB
    private static Cart cart;

    public CartClient(String[] args) {
    }

    public static void main(String[] args) {
        CartClient client = new CartClient(args);
        client.doTest();
    }

    public void doTest() {
        try {
            cart.initialize("Duke d'Url", "123");
            cart.addBook("Infinite Jest");
            cart.addBook("Bel Canto");
            cart.addBook("Kafka on the Shore");

            List<String> bookList = cart.getContents();
            Iterator<String> iterator = bookList.iterator();

            while (iterator.hasNext()) {
                String title = iterator.next();
                System.out.println("Retrieving book title from cart: " + title);
            }

            System.out.println("Removing \"Gravity's Rainbow\" from cart.");
            cart.removeBook("Gravity's Rainbow");
            cart.remove();

            System.exit(0);
        } catch (BookException ex) {
            System.err.println("Caught a BookException: " + ex.getMessage());
            System.exit(0);
        }
    }
}
```

至此，就可以编译、打包、部署和运行这个有状态会话 Bean 了。

4.2.4 无状态会话 Bean

1. 无状态会话 Bean 的概念

实际上无状态会话 Bean（Stateless Session Bean）与有状态会话 Bean 并无本质区别，两者之间的最大差别是无状态会话 Bean 不保留与客户端会话的状态，当客户端调用无状态会话 Bean 的方法时，Bean 实例的变量只在调用期间保留客户端的状态，当方法结束时，客户端的状态不应留存。不过，客户端可以改变无状态会话 Bean 的实例的类变量成员值，并且这个类变量成员值可以持续到下一次对该无状态会话 Bean 的实例的调用。无状态会话 Bean 不针对特定的客户端，允许 EJB 容器分配一个无状态会话 Bean 的对象实例给任何客户端。因为它们可以支持多个客户端，无状态会话 Bean 可以提供更好的可扩展性给需要大量客户的应用。支撑相同数量的客户，一个应用程序需要无状态会话 Bean 的数量通常会少于有状态会话 Bean 的数量。在实际运行中，服务器一般需要创建若干个无状态会话 Bean 的实例，存放在一个被称为“实例池”的运行机制中，实际接到创建会话 Bean 的指令时，会从实例池中取出一个实例，用完之后重新放回实例池。

一个无状态会话 Bean 能够实现 Web 服务，有状态会话 Bean 却不能。

无状态会话 Bean 适合在下列任何条件具备的情况下使用：会话 Bean 的状态没有为特定的客户端存储的数据；在单一的方法调用中，会话 Bean 为所有客户端执行一般性的任务，如可以使用无状态会话 Bean 传送确认在线命令的电子邮件；会话 Bean 执行 Web 服务。

2. 无状态会话 Bean 的生命周期

因为无状态会话 Bean 从不被钝化，所以其生命周期只有不存在态和就绪态。EJB 容器生成并保持一个无状态会话 Bean 池（pool），开始无状态会话 Bean 的生命周期。容器执行依赖注入并调用标示了@PostConstruct 元注释的方法，如果存在这样的方法，Bean 成为就绪态，客户端可以调用其业务方法；在生命周期的最后，如果存在标示了@PreDestroy 元注释的方法，EJB 容器调用这样的方法，Bean 实例将等待垃圾收集。

无状态会话 Bean 的生命周期如图 4.6 所示。

图 4.6　无状态会话 Bean 的生命周期

无状态会话 Bean 的生命周期回调方法是用@PostConstruct、@PreDestory 等元注释标示的方法。

3. 开发无状态会话 Bean

开发无状态会话 Bean 的步骤与开发有状态会话 Bean 的步骤基本相同。

下面的例子是某保险公司青少年医疗保险计算保费的例子，可以根据投保人的年龄和有无社保给出首年保费，具体数据如表 4.1 所示。其中没有使用业务接口和帮助类，只有会话 Bean 类和客户端。

表 4.1　某保险公司青少年医疗保险保费

年　龄	首年保费（元）	
	有 社 保	无 社 保
0～5 岁	933	2002
6～10 岁	355	673
11～15 岁	277	510
16～20 岁	166	336

第一步：开发会话 Bean 类。

代码如程序清单 4.6 所示。

程序清单 4.6

```
package firstejb;

import javax.ejb.Stateless;
import javax.ejb.LocalBean;

@Stateless
@LocalBean
public class PremiumRateBean {

    public int PremiumRateCalcurate(int age, boolean haveSocialInsurance)
    {
        if( age >= 0 & age <= 5 )
            return (haveSocialInsurance?933:2002);
        if( age >= 6 & age <= 10 )
            return (haveSocialInsurance?755:673);
        if( age >= 11 & age <= 15 )
            return (haveSocialInsurance?277:510);
        if( age >= 16 & age <= 20 )
            return (haveSocialInsurance?166:336);
    }

}
```

无状态会话 Bean 类要使用@Stateless 元注释标示，说明它是一个无状态会话 Bean 类，使用@LocalBean 元注释标示，说明它是一个本地 Bean。无状态会话 Bean 类中的方法也可以通过使用元注释被声明为生命周期回调方法。

第二步：编写客户端。

这个例子采用了一个 Servlet 程序作为客户端，由于会话 Bean 类 ConverterBean 没有业务接口，而是将无接口视图向客户端公开的，所以客户端只能通过依赖注入获取 ConverterBean 的引用来调用其方法。通过依赖注入获得一个无接口视图的企业 Bean 的引用，要使用@EJB 元注释，并且指明企业 Bean 的实现类。代码如程序清单 4.7 所示。

程序清单 4.7

```java
import java.io.IOException;
import java.io.PrintWriter;
import java.math. BigInteger;
import firstelb.PremiumRateBean;
import javax.ejb.EJB;
import javax.servlet.ServletException;
import javax.servlet.annotation.WebServlet;
import javax.servlet.http.HttpServlet;
import javax.servlet.http.HttpServletRequest;
import javax.servlet.http.HttpServletResponse;

@WebServlet(urlPatterns="/")
public class PremiumRateServlet extends HttpServlet {

    @EJB
    PremiumRateBean premiumrate;

    protected void processRequest(HttpServletRequest request,
            HttpServletResponse response)
            throws ServletException, IOException {
        response.setContentType("text/html;charset=UTF-8");
        PrintWriter out = response.getWriter();
        out.println("<head>");
        out.println("<title>Servlet PremiumRateServlet</title>");
        out.println("</head>");
        out.println("<body>");
        out.println("<h1>Servlet PremiumRateServlet at " +
                request.getContextPath() + "</h1>");
        try {
            int age = request.getParameter("age");
            boolean hsi = request.getParameter("haveSocialInsurance ");

            BigInteger d = new BigInteger(age);
            BigInteger premium = premiumrate. PremiumRateCalcurate (d,hsi);

            out.println("<p>" + you may pay + premium.toString() + " yuan.</p>");
        } finally {
            out.println("</body>");
            out.println("</html>");
            out.close();
        }
    }

    @Override
```

```
        protected  void  doGet(HttpServletRequest  request,  HttpServletResponse
response)
                throws ServletException, IOException {
            processRequest(request, response);
        }

        @Override
        protected  void  doPost(HttpServletRequest  request,  HttpServletResponse
response)
                throws ServletException, IOException {
            processRequest(request, response);
        }

        @Override
        public String getServletInfo() {
            return "Short description";
        }
    }
```

4.2.5 单身会话 Bean

单身会话 Bean（Singleton Session Bean）是 EJB 3.1 规范新增的一项内容，也是 EJB 3.1 规范做出的一项重要改进。

1. 单身会话 Bean 的概念

单身会话 Bean 与无状态会话 Bean 相似，单身会话 Bean 为单独的企业 Bean 实例被多个客户端共享和同时访问的场合而设计。每个应用中只有一个单身会话 Bean，而不是一个连接池中的任何无状态会话 Bean 都可能会响应客户端请求。就像无状态会话 Bean 一样，单身会话 Bean 也能实现 Web 服务末端。单身会话 Bean 只维护它们的客户端在调用期间的状态，并且不需要维护整个服务器崩溃或停产的状态。因为单身会话 Bean 将在整个应用程序生命周期中运行，所以允许单身会话 Bean 为应用程序执行初始化任务，单身会话 Bean 在应用程序关闭时可能会执行清理任务。

单身会话 Bean 适合在下列任何条件具备的情况下使用：会话 Bean 的状态需要在整个应用程序共享；需要由多个线程同时访问单一的企业 Bean；应用程序需要一个企业 Bean 在应用程序启动和关闭后执行任务；会话 Bean 执行 Web 服务。

2. 单身会话 Bean 的生命周期

与无状态会话 Bean 相似，单身会话 Bean 从不被钝化，其生命周期也只有不存在态和就绪态。EJB 容器生成一个单身会话 Bean 的实例，开始单身会话 Bean 的生命周期。当应用程序部署时，如果单身会话 Bean 类标示了@Startup 元注释，存在标示了@PostConstruct 元注释的方法，则容器执行依赖注入并调用这样的方法，此时单身会话 Bean 成为就绪态，客户端可以调用其业务方法；在生命周期的最后，如果存在标示了@PreDestroy 元注释的方法，EJB 容器调用这样的方法，Bean 实例将等待垃圾收集。

单身会话 Bean 的生命周期如图 4.7 所示。

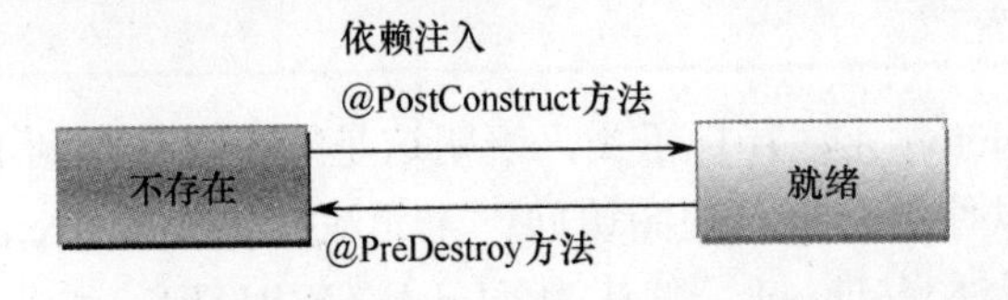

图 4.7 单身会话 Bean 的生命周期

单身会话 Bean 的生命周期回调方法与无状态会话 Bean 的生命周期回调方法相同，也是用@PostConstruct、@PreDestory 等元注释标示的方法。

3. 管理并发访问

单身会话Bean是设计用来应对多个客户端意欲同时访问同一个Bean实例的并发访问场合。管理并发访问的方式有两个：容器管理并发和 Bean 管理并发，默认为容器管理并发。元注释@ConcurrencyManagement 就是用来标示单身会话 Bean 的并发访问管理方式的。元注释的类型描述值必须是 CONTAINER 和 BEAN 两者之一。

当单身会话 Bean 的并发访问管理方式被定为容器管理时，还可以用@Lock 元注释加上 LockType 描述来标示单身会话 Bean 的业务方法和会话 Bean 类。当用@Lock（READ）元注释标示某个方法时，表明方法可以被并发访问；当用@Lock（WRITE）元注释标示时，表明方法在被一个客户端访问时，其他客户端的访问被锁定。当用@Lock 元注释标示会话 Bean 类时，相当于对类中的所有方法标示@Lock 元注释。

当单身会话 Bean 的并发访问管理方式被定为 Bean 管理时，所有的方法都允许同步并发访问。

有别于其他企业 Bean，单身会话 Bean 实例一旦被初始化，将不会被销毁，这保证了一个实例的使用会贯穿一个应用程序的生命周期。

4. 开发单身会话 Bean

下面的实例也是 Oracle 给出的，其中设计了一个名为 CounterBean 的单身会话 Bean，能表现出一个页面被访问的次数。其 Web 前端包含一个 JavaServer Faces 管理的名为 Count 的 Bean，由 XHTML 文档 template.xhtml 和 template-client.xhtml 使用，Count 通过依赖注入获取 CounterBean 的引用。

程序清单 4.8 所示的代码是 CounterBean 类。

程序清单 4.8

```
import javax.ejb.Singleton;

@Singleton
public class CounterBean {
    private int hits = 1;

    // Increment and return the number of hits
    public int getHits() {
        return hits++;
```

```
    }
}
```

这段代码用@Singleton 元注释标示类，表明这是一个单身会话 Bean 的类定义；由于没有定义业务接口，所以使用无接口视图访问；无元注释@ConcurrencyManagement，表明是容器管理并发的；无元注释@Lock，默认为@Lock（WRITE)。

程序清单 4.9 所示是 Web 客户端的 Count 类的代码。

程序清单 4.9

```
import java.io.Serializable;
import javaeetutorial.counter.ejb.CounterBean;
import javax.ejb.EJB;
import javax.enterprise.context.ConversationScoped;
import javax.inject.Named;

@Named
@ConversationScoped
public class Count implements Serializable {
    @EJB
    private CounterBean counterBean;

    private int hitCount;

    public Count() {
        this.hitCount = 0;
    }

    public int getHitCount() {
        hitCount = counterBean.getHits();
        return hitCount;
    }

    public void setHitCount(int newHits) {
        this.hitCount = newHits;
    }

}
```

在这段代码中，通过 CounterBean 的一个实例获取点击次数，保存在 hitCount 成员中。而在下面的 template-client.xhtml 中，通过一个 EL 表达式"#{count.hitCount}"访问了 hitCount 属性，将点击次数传递到页面。

代码的程序清单 4.10 所示。

程序清单 4.10

```
<?xml version='1.0' encoding='UTF-8' ?>
<!DOCTYPE html PUBLIC "-//W3C//DTD XHTML 1.0 Transitional//EN"
  "http://www.w3.org/TR/xhtml1/DTD/xhtml1-transitional.dtd">
<html lang="en"
     xmlns="http://www.w3.org/1999/xhtml"
     xmlns:ui="http://xmlns.jcp.org/jsf/facelets"
     xmlns:h="http://xmlns.jcp.org/jsf/html">
    <h:head>
        <meta http-equiv="Content-Type" content="text/html; charset=UTF-8" />
        <title>counter - A singleton session bean example.</title>
        <h:outputStylesheet library="css" name="default.css"/>
    </h:head>
    <body>
        <h1>
            <ui:insert name="title">Default Title</ui:insert>
        </h1>
        <p>
            <ui:insert name="body">Default Body</ui:insert>
        </p>
    </body>
</html>
```

到此为止，这个单身会话 Bean 就可以编译、打包、部署和运行了。

4.3 消息驱动 Bean

4.3.1 什么是消息驱动 Bean

1. 消息驱动 Bean 的概念

消息驱动 Bean(Message-Driven Bean)是允许 Java EE 应用异步地处理消息的企业 Bean，这种类型的 Bean 通常起到一个消息监听器的作用，消息监听器类似于事件监听器，但只接收消息。消息可以由应用客户端、企业 Bean、Web 组件、JMS 应用程序等任何的 Java EE 组件，甚至是不使用 Java EE 技术的系统传递，消息驱动 Bean 能够处理 JMS 消息和其他类型的消息。消息驱动 Bean 不同于会话 Bean 之处在于应用客户端不访问消息驱动 Bean，消息驱动 Bean 也不保留与特定客户端对话时的状态，在 EJB 容器中的所有消息驱动 Bean 实例都是等效的，可以将其分配给任何一个消息，一个消息驱动 Bean 实例可以处理来自多个客户端的消息。

关于消息服务的知识我们将在第 8 章详细讲解，从消息服务的角度看，总体来说，消息驱动 Bean 其实就是一个异步消息接收的 Bean。

消息驱动 Bean 没有业务接口和无接口视图的概念。客户端组件也不能定位消息驱动

Bean 并访问其方法，而总是以通过发送消息给实现了消息监听器的消息驱动 Bean 类的方式与之沟通。消息驱动 Bean 是无状态的、异步的、相对短暂的、可事务化处理的。消息驱动 Bean 实例的变量可能会保留类似于 JMS API 连接、开放式数据库连接、一个企业 Bean 对象的引用等客户端消息状态。

会话 Bean 通常可以同步发送和接收消息，但不能实现异步处理，为了避免阻塞服务器资源，JMS 消息不应同步发送和接收，此时，就应使用消息驱动 Bean 异步地处理消息。

2. 消息驱动 Bean 的生命周期

与无状态会话 Bean 相似，消息驱动 Bean 也从不被钝化，其生命周期只有不存在态和就绪态。EJB 容器通常生成一个消息驱动 Bean 实例池，对于每个实例，执行如下任务。

（1）如果消息驱动 Bean 使用依赖注入，容器在实例化之前注入这些引用。

（2）容器调用标示了@PostConstruct 元注释的方法，如果存在这样的方法，则消息驱动 Bean 转为就绪态，可以接收消息。

在生命周期的最后，EJB 容器调用标示了@PreDestroy 元注释的方法，如果存在这样的方法，Bean 实例将等待垃圾收集。

消息驱动 Bean 的生命周期如图 4.8 所示。

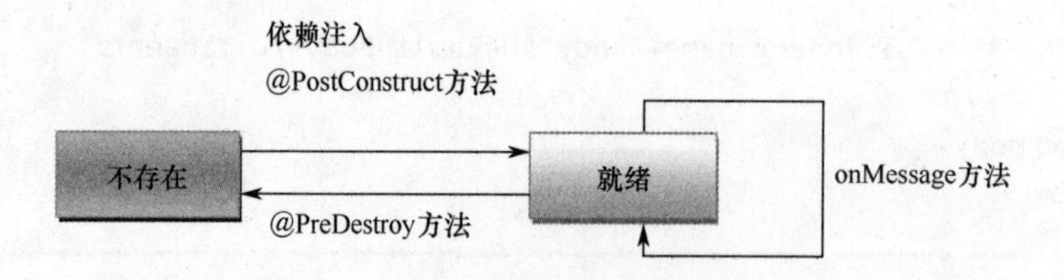

图 4.8 消息驱动 Bean 的生命周期

消息驱动 Bean 的生命周期回调方法与无状态会话 Bean 的生命周期回调方法相同，也是用@PostConstruct、@PreDestory 等元注释标示的方法。

3. 开发消息驱动 Bean

下面的实例是由一个消息驱动 Bean 类和一个能发送消息的标准 application 程序组成的。作为客户端的 application 程序向消息队列中发送一些消息，消息驱动 Bean 异步接收和处理从队列中传来的消息。代码如程序清单 4.11 所示。

程序清单 4.11

```
import javax.ejb.MessageDriven;
import javax.ejb.MessageDrivenContext;
import javax.ejb.ActivationConfigProperty;
import javax.jms.MessageListener;
import javax.jms.Message;
import javax.jms.TextMessage;
import javax.jms.JMSException;
import javax.annotation.Resource;
import java.util.logging.Logger;
```

```
        @MessageDriven(mappedName = "jms/Queue", activationConfig =  {
            @ActivationConfigProperty(propertyName = "acknowledgeMode", propertyValue
= "Auto-acknowledge")
            , @ActivationConfigProperty(propertyName = "destinationType", propertyValue
= "javax.jms.Queue")
        }
        )
        public class SimpleMessageBean implements MessageListener {
            static final Logger logger = Logger.getLogger("SimpleMessageBean");
            @Resource
            private MessageDrivenContext mdc;

            public SimpleMessageBean() {
            }

            public void onMessage(Message inMessage) {
                TextMessage msg = null;

                try {
                    if (inMessage instanceof TextMessage) {
                        msg = (TextMessage) inMessage;
                        logger.info("MESSAGE  BEAN:  Message  received:  "  +  msg.get
Text());
                    } else {
                        logger.warning(
                                "Message of wrong type: "
                                + inMessage.getClass().getName());
                    }
                } catch (JMSException e) {
                    e.printStackTrace();
                    mdc.setRollbackOnly();
                } catch (Throwable te) {
                    te.printStackTrace();
                }
            }
        }
```

名为SimpleMessageBean的消息驱动Bean类用@MessageDriven元注释来标示，表明它是一个消息驱动Bean类。SimpleMessageBean类的一个重要内容是它实现了MessageListener消息监听器接口，给出了这个接口的方法onMessage的实现。代码如程序清单4.12所示。

程序清单4.12

```
        import javax.jms.ConnectionFactory;
        import javax.jms.Queue;
        import javax.jms.Connection;
        import javax.jms.Session;
```

```
import javax.jms.MessageProducer;
import javax.jms.TextMessage;
import javax.jms.JMSException;
import javax.annotation.Resource;

public class SimpleMessageClient {
    @Resource(mappedName = "jms/ConnectionFactory")
    private static ConnectionFactory connectionFactory;
    @Resource(mappedName = "jms/Queue")
    private static Queue queue;

    public static void main(String[] args) {
        Connection connection = null;
        Session session = null;
        MessageProducer messageProducer = null;
        TextMessage message = null;
        final int NUM_MSGS = 3;

        try {
            connection = connectionFactory.createConnection();
            session = connection.createSession(false, Session.AUTO_ACKNOWLEDGE);
            messageProducer = session.createProducer(queue);
            message = session.createTextMessage();

            for (int i = 0; i < NUM_MSGS; i++) {
                message.setText("This is message " + (i + 1));
                System.out.println("Sending message: " + message.getText());
                messageProducer.send(message);
            }

            System.out.println("To see if the bean received the messages,");
            System.out.println(
                    " check <install_dir>/domains/domain1/logs/server.log.");
        } catch (JMSException e) {
            System.out.println("Exception occurred: " + e.toString());
        } finally {
            if (connection != null) {
                try {
                    connection.close();
                } catch (JMSException e) {
                }
            } // if

            System.exit(0);
        } // finally
    } // main
```

```
} // class
```

标准 application 程序类 SimpleMessageClient 实际上就是一个异步消息发送方，它向消息队列中发送个数为 NUM_MSGS 的消息，这些消息由队列传递给 SimpleMessageBean，后者将其处理。消息的发送和接收是异步进行的。

4.3.2 消息驱动 Bean 与 Java 消息服务

消息驱动 Bean 与 Java 消息服务（Java Message Service，JMS）有着密切的联系，消息驱动 Bean 通过消息方式为调用者提供服务，JMS 是消息驱动 Bean 支持的一种最基本消息类型。消息驱动 Bean 实现了 Java 消息服务所支持的几种消息传递方式中的一种——消息异步接收。一些基本概念，如队列、消息等，在消息驱动 Bean 部分和在 Java 消息服务部分都是相同的。

由于消息驱动 Bean 组件在实际使用过程中，其客户并不拥有消息驱动 Bean 组件的远程引用，而是直接将调用消息发送到特定的消息队列中，因此客户的调用不强调消息驱动 Bean 组件的运行。消息驱动 Bean 是通过用消息监听器处理消息的方式实现访问运行的，因此 JMS 是其调用媒介。

4.4 企业 Bean 高级技术

4.4.1 使用嵌入式企业 Bean 容器

嵌入式企业 Bean 容器（Embedded Enterprise Bean Container）是用来从代码运行在 Java SE 环境的客户端访问企业 Bean 的，容器和客户端运行于同一个虚拟机。典型的例子是，嵌入式企业 Bean 容器用来测试企业 Bean 而不必将其部署到服务器上。

大多数在 Java EE 服务器上的企业 Bean 容器中出现的服务都在嵌入式企业 Bean 容器上有效，包括注入、事务、安全，企业 Bean 组件在这两种环境下运行结果相似，因此，同一个企业 Bean 可轻易地在独立应用与网络应用间重用。

javax.ejb.embedded 包中的 EJBContainer 抽象类代表企业 Bean 容器，createEJB Container 方法用来生成并初始化一个嵌入式企业 Bean 容器实例。在程序中可以以类似如下的方式使用：

```
EJBContainer ec = EJBContainer.createEJBContainer();
```

在此基础上，可以用以下的代码关闭嵌入式企业 Bean 容器：

```
ec.close();
```

4.4.2 在会话 Bean 中使用异步方法调用

1. 异步方法的概念

异步方法调用（Asynchronous Method Invocation）是 EJB 3.1 规范中给出的最为重要的

创新之一，在会话 Bean 中可以实现这样的异步方法：在用会话 Bean 实例调用方法前，企业 Bean 容器就将业务方法控制权返回给客户端。客户端可以随后用 Java SE 并发 API 检索结果，退出调用，检查异常。异步方法通常用于长期运行的操作，为处理器密集型任务、后台任务，以提高应用程序吞吐量，改善应用程序的响应时间（若方法调用的结果并不立即需要）。

当一个会话 Bean 客户端调用一个典型的非异步的业务方法时，直至该方法已执行完成，控制才返回给客户端。不过，客户端调用异步方法，立即有控制由企业 Bean 容器返回给客户端。允许客户端当方法调用完成时执行其他任务。

2. 生成异步业务方法

只要使用 javax.ejb.Asynchronous 元注释标示会话 Bean 的一个业务方法就可以将其定义为异步业务方法，或者使用 javax.ejb.Asynchronous 元注释标示会话 Bean 的实现类将其所有方法定义为异步业务方法。异步业务方法的返回类型要么为空，要么是 Future<V>接口的实现类，Future<V>接口定义在 java.util.concurrent 包中。如果返回类型为空，则异步业务方法不能声明异常；如果返回类型是 Future<V>接口的实现类，则可以声明异常。如以下的代码就是合法的：

```
        @Asynchronous
        public Future<String> processPayment(Order order) throws PaymentException
{ ... }
```

异步业务方法的返回结果首先返回给企业 Bean 容器，再由企业 Bean 容器提供给客户端，而不是直接返回给客户端。

3. 调用异步业务方法

调用异步业务方法的方式没有特殊要求，如果异步业务方法返回结果，则客户端会在调用异步业务方法后即刻收到一个 Future<V>实例，该实例可用于检索最终结果、取消调用、检查调用是否已经完成、检查是否有在处理过程中抛出的异常，并且检查是否调用被取消。

本章涉及的 API：

javax.annotation 包中的@ManagedBean 元注释、@Resource 元注释、@PostConstruct 元注释、@PreDestory 元注释；

javax.inject 包中的@Inject 元注释；

javax.enterprise.context 包中的范围元注释；

javax.inject 包中的@Qualifier 元注释；

javax.ejb 包中的@Stateful 元注释、@Stateless 元注释、@Singleton 元注释、@MessageDriven 元注释，@Local 元注释、@Remote 元注释、@LocalBean 元注释、@PostActivate 元注释、@PrePassivate 元注释。

第 5 章　持久性与事务

本章主要内容：Java 持久性是处理与数据库和数据存储、数据查询有关问题的技术，包括对象关系映射机制、元数据、Java 持久性 API、Java 持久性查询语言、Java 标准 API 等内容。事务是把一些相互之间存在内在关联的操作概括为一个整体进行定义和处理的机制。本章专门介绍 Java 持久性和事务的相关概念和知识，包括对象/关系映射、实体和实体类、实体继承、管理实体、查询实体、Java 持久性查询语言语句、Java 标准 API 与中间模型 API、事务与 Java 事务 API 等内容，并且给出简单的示范实例。

建议讲授课时数：4 课时。

5.1　在 Java EE 环境中使用数据库

在第 1 章中曾经介绍了 Web 应用多层体系结构一般分为三层：表示层、业务逻辑层、数据层。Java EE 体系中的表示层由 JSP 和 JSF 完成，业务逻辑层主要由 EJB 完成，数据层由专门的数据库服务器软件完成。本章介绍的持久性是在 Java EE 中处理与数据库有关问题的技术，所以实际上持久性是在业务逻辑层中处理与数据层交流的技术。

在处理与数据库交流的问题上，J2EE 1.4 及之前的版本中，采用的是 EJB 规范 2.*x*，关系数据库类问题是采用实体 Bean 来解决的。Java EE 5 中制定了 EJB 3.0 技术规范后，取消了实体 Bean 及相关的内容，定义了持久性规范 1.0，增加了持久性等概念和知识；在 Java EE 6 中，EJB 规范更新为 3.1，持久性规范更新为 2.0；在 Java EE 7 中，EJB 规范更新为 3.2，持久性规范更新为 2.1。

5.1.1　对象关系映射的概念

众所周知，目前流行的数据库服务器软件大多数是关系式数据库软件，而 Java EE 平台采用的是面向对象的程序设计语言 Java 语言，所以在 Java EE 中处理与数据层有关的问题时，首先就面临一个关系式数据库与面向对象的程序设计语言之间的矛盾。持久性使用对象/关系映射的方法来弥补面向对象模型和关系数据库之间的差距。

对象关系映射（Object Relational Mapping，ORM）技术是一种用于解决不同系统中数据转换问题的编程技术，实现了面向对象程序设计语言中的数据类型与关系式数据库中数据类型的对应。ORM 的作用在于把面向对象的模型表示的对象映射到基于 SQL 的关系模型数据库结构中，从而简化了编程。在处理关系式数据时，只需简单操作，由 ORM 将面向对象操作翻译成以 SQL 语句为标准的关系型操作。

元数据（Meta Data）是 ORM 的一个常用概念，元数据是用来描述信息资源或数据等对象的数据，是用于提供某种资源的有关信息的结构数据，简单理解就是数据库技术中的“表定义”，使用目的是便于用户识别资源、评价资源、追踪资源。

ORM 的功能主要体现在对实体和实体对象的定义上，Java EE 中对于数据库问题的处理是由持久性概念和 Java 持久性 API 完成的。

5.1.2 在 Java EE 中使用数据库

由于有了持久性和 Java 持久性 API，在 Java EE 环境中就可以很方便地处理数据库编程问题了。原则上，由于采用了统一的方式完成与数据库的连接，Java EE 可以与各种数据库管理服务软件协同工作。在实际工作中，在 NetBeans IDE 和 GlassFish 服务器环境下比较好的数据库选择方案是选择 Java DB 数据库服务器，因为这个服务器已经被嵌入到 GlassFish 服务器中了。另外，MySQL 数据库服务器或 Oracle 数据库服务器也是比较好的选择，因为这两个产品与 Java 都是 Oracle 公司旗下的产品，相互之间的契合还是很不错的。

在 NetBeans 8 和 GlassFish 4.0 环境下，要求的 MySQL 数据库服务器版本为 5.*x*，配套的 MySQL Connector/J JDBC Driver 版本为 5.*x*。MySQL Connector/J JDBC Driver 在 Java 平台和 MySQL 数据库协议之间进行通信时是必需的，并且已经包括在 NetBeans IDE 中，无须另行安装。因此，当采用 MySQL 数据库服务器时用户只需安装 MySQL 数据库服务器。

除安装数据库服务器之外，有时为了考虑多用户使用数据库服务器时的效率问题，还可以在系统中开发数据库连接池。

关于在 NetBeans IDE 中开发实体类的操作，在第 4 章中已经做过介绍，这里不再重复。

5.2 持久性与 Java 持久性 API

Java 持久性 API（Java Persistence API，JPA）是持久性问题的基于标准的 Java 解决方案。Java 持久性 API 也可以用于 Java EE 环境之外的 Java SE 应用程序。Java 持久性由以下几部分内容组成。

（1）Java 持久性 API。

（2）Java 持久性查询语言。

（3）Java 持久性标准 API。

（4）对象/关系映射元数据。

5.2.1 实体和实体类

1. 实体和实体类的概念

实体的概念是为了在 Java 语言中处理数据库和与数据库有关的问题而定义的。实体是一个轻量级的持久性域对象，典型的实体代表了关系式数据库中的一个表，每个实体实例对应着表中的一行即一个记录。实体的第一个程序级实物应是实体类。

一个实体的持久性状态通过持久域或持久属性表现，这些域或属性用对象/关系映射元注释实现实体和实体关系与底层数据库所存储的关系数据之间的映射。

首先来看程序清单 5.1 给出的一个实体类的例子。实体类是实体的程序实现，这个实体类的例子给出了完整的代码。

程序清单 5.1

```
import java.io.Serializable;
import javax.persistence.*;

@Entity
@Table(name = "GOOD")
@NamedQuery(name="Good.findAll", query="SELECT g FROM Good g")
public class Good implements Serializable {
    private static final long serialVersionUID = 1L;

    @Id
    @GeneratedValue(strategy=GenerationType.AUTO)
    private int good_id;

    private String good_describe;
    private String good_imgpath;
    private String good_name;
    private float good_price;
    private String orderitem;
    private String seller;

    public Good() {
    }

    public int getGood_id() {
        return this.good_id;
    }

    public void setGood_id(int gid) {
        this.good_id = gid;
    }

    public String getGood_describe() {
        return this.good_describe;
    }

    public void setGood_describe(String gdescribe) {
        this.good_describe = gdescribe;
    }

    public String getGood_imgpath() {
        return this.good_imgpath;
    }

    public void setGood_imgpath(String gimgpath) {
```

```
            this.good_imgpath = gimgpath;
        }

        public String getGood_name() {
            return this.good_name;
        }

        public void setGood_name(String gname) {
            this.good_name = gname;
        }

        public float getGood_price() {
            return this.good_price;
        }

        public void setGood_price(float gprice) {
            this.good_price = gprice;
        }

        public String getOrderitem() {
            return this.orderitem;
        }

        public void setOrderitem(String orderitem) {
            this.orderitem = orderitem;
        }

        public String getSeller() {
            return this.seller;
        }

        public void setSeller(String seller) {
            this.seller = seller;
        }

    }
```

从这个例子可以看出，实体类必须按照以下的方式定义。

（1）必须被标示以@Entity 元注释。

（2）必须有一个 public 或 protected 型无参构造方法。

（3）不允许是最终类，也不允许有方法或持久性实例变量是最终型的。

（4）如果一个实体实例作为独立的对象被按值传递（如通过会话 bean 的远程业务接口），则这个类必须实现了 Serializable 接口。

（5）持久性实例变量必须被声明为 private 或 protected，只能通过实体类的方法访问，客户端必须通过业务方法访问实体状态。

还要解释一下@NamedQuery元注释、@Table元注释和@GeneratedValue元注释的作用。@NamedQuery元注释的作用是在Java持久性查询语言中指定一个静态的、命名的查询，包括定义一个查询名称和一个查询操作。此静态查询作用于持久性单元。@NamedQuery元注释可以应用于一个实体或映射的超类。@Table元注释指定带注释的实体的主表，也就是指明实体类究竟与数据库中的哪个数据表对应，以便于后续的实体操作。@GeneratedValue元注释的作用是提供主键值的生成策略，有4种策略可供选择：AUTO、IDENTITY、SEQUENCE、TABLE，定义在GenerationType枚举中。这个元注释可应用于实体的主键属性或字段，或者与@Id元注释一起映射超类。使用@GeneratedValue元注释只需要支持简单的主键。派生的主键不支持使用该元注释。

2. 实体中的属性

定义实体的目的是为了实现对象关系映射，所以实体中的属性应根据数据表的内容定义，一般而言，实体中的属性要与数据表中的数据项以一一对应的方式定义，数据类型应保持一致。实体中允许出现的数据类型必须是以下类型。

（1）Java基本数据类型。

（2）String型。

（3）其他序列化类型，包括基本数据类型封装、BigInteger、BigDecimal、Date、Calendar、Date、Time、TimeStamp、用户定义的可序列化类型、字节型数组和字符型数组、枚举类型、其他实体类型、嵌入类。

与定义一般的Bean一样，推荐在实体类中为每个属性定义一对setter和getter方法。实体中的变量或属性在此时称为实体的持久状态。根据映射元注释使用的位置不同，实体的属性称为持久域或持久属性。

如果映射元注释使用在实体变量上，则实体的属性称为持久域；如果实体类使用持久域，则持久性运行时直接访问实体类实例变量，所有的没有标示javax.persistence.Transient元注释或没有标示transient的域将被保存到数据存储。

如果映射元注释使用在实体的getter方法上，则实体的属性称为持久属性；如果实体使用持久属性，则实体必须使用getter和setter方法，对于一个类型为“Type”的“Property”，getter和setter方法相应地定名为：

```
        Type getProperty()
        void setProperty(Type type)
```

映射元注释不能被用到标示了@Transient或标记了transient的域或属性上。

一个特别的情形是持久域、持久属性还可以是Java集合类型的，即Collection接口及其子类Set、List、Map等，如果使用了这些类型，则要求必须支持集合类型，getter方法的返回类型和setter方法的参数也都要相应调整，@ElementCollection元注释要用到相应的域或属性上。

实体可以使用持久域、持久属性，或者两者的结合。

3. 实体中的主键

每个实体都有一个独特的标识符，称为主键。对应于数据表的主键，实体必须有主键，可以是简单主键，还可以是复合主键。简单主键应用@Id元注释标示对应的域或属性，复合主键含有多于一个的描述，相当于一个域或属性的集合。复合主键必须被定义成一个主键类，要用@EmbeddedId 元注释和@IdClass 元注释标示。

主键或复合主键的域或属性必须是以下 Java 语言类型：Java 基本数据类型、Java 基本数据类型封装、String、java.util.Date、java.sql.Date、BigDecimal、BigInteger 等，特别说明，浮点类型不能用作主键。

主键类必须满足以下要求。

（1）主键类的访问控制符必须被声明为 public。

（2）主键类的属性必须被声明为 public 或 protected。

（3）主键类必须有一个 public 的默认构造方法。

（4）主键类必须实现 hashCode()方法和 equals(Object other)方法。

（5）主键类必须实现了 Serializable 接口，为可序列化。

（6）复合主键类必须对应实体类的复合域或属性，或者对应一个嵌入类。

（7）实体类中的域或属性的名字与类型必须与复合主键类中的域或属性的名字与类型匹配。

下面是一个复合主键类的例子，其中的 orderId 和 itemId 域唯一标识一个实体，代码如程序清单 5.2 所示。

程序清单 5.2

```
public final class LineItemKey implements Serializable {
    public Integer orderId;
    public int itemId;

    public LineItemKey() {}
    public LineItemKey(Integer orderId, int itemId) {
        this.orderId = orderId;
        this.itemId = itemId;
    }

    public boolean equals(Object otherOb) {
        if (this == otherOb) {
            return true;
        }
        if (!(otherOb instanceof LineItemKey)) {
            return false;
        }
        LineItemKey other = (LineItemKey) otherOb;
        return (
            (orderId==null?other.orderId==null:orderId.equals
            (other.orderId)
            )
            &&
            (itemId == other.itemId)
        );
```

```
    }

    public int hashCode() {
        return (
            (orderId==null?0:orderId.hashCode())
            ^((int) itemId)
        );
    }

    public String toString() {
        return "" + orderId + "-" + itemId;
    }
}
```

4. 实体中的嵌入类

数据表有时会有一个表的记录作为另一个表的数据项的情形出现，这种情形的解决方法是定义嵌入类。

不同于实体类，嵌入类用来表示一个实体的状态却没有自己的持久性实体。嵌入类实例与拥有它的实体共享身份，嵌入类仅作为另一个实体的状态存在，实体可以拥有单值或集合值嵌入类。

嵌入类与实体类有相同的规则，但是用@Embeddable 元注释替代@Entity 元注释。含有嵌入类的实体类应用@Embedded 元注释标示对应于嵌入类的域或属性。

嵌入类本身可能使用其他的嵌入类来表示其状态，它们也可以包含嵌入类，甚至嵌入类也可以与另一个实体有关联。如果存在这些关系，则关联是从目标实体到拥有嵌入类的实体。

下面的例子说明了嵌入类和包含实体的关系，嵌入类的代码如程序清单 5.3 所示。

程序清单 5.3

```
@Embeddable
public class ZipCode {
    String zip;
    plusFour;
    ...
}
```

包含嵌入类的实体的代码如程序清单 5.4 所示。

程序清单 5.4

```
@Entity
public class Address {
    @Id
    protected long id
    String street1;
    String street2;
```

```
        String city;
        String province;
        @Embedded
        ZipCode zipCode;
        String country;
        ...
    }
```

5. 实体实例的生命周期

实体实例的生命周期包括四种形态：

新实体（new）：没有持久性身份并还没有和持久性上下文关联；

管理态（managed）：有持久性身份并已经和持久性上下文关联；

分离态（detached）：有持久性身份，当前没有和持久性上下文关联；

清除态（Removed）：有持久性身份并已和持久性上下文关联，已预订从数据库中移除。

5.2.2 实体之间的关联关系

1. 实体间关系的多样性

实体间关系是指两个实体的实例之间的关系，也称为关联关系，其背景是两个数据表的记录所描述的客观事物之间的关系，包括一对一、一对多、多对一、多对多四种。

一对一：一个实体的实例关联另一个实体的一个实例，用@OneToOne 元注释标示于相应的属性或域上。

一对多：一个实体的实例关联另一个实体的多个实例，用@OneToMany 元注释标示于相应的属性或域上。

多对一：一个实体的多个实例关联另一个实体的一个实例，用@ManyToOne 元注释标示于相应的属性或域上，这与一对多的关系相反。

多对多：一个实体的多个实例与另一个实体的多个实例互相关联，用@ManyToMany 元注释标示于相应的属性或域上。多对多的关联关系比较典型的例子是学院里课程实体与学生实体之间的关系，一个学生可以有多个课程，而一个课程也有多个学生。

用来定义关联关系的@OneToOne、@OneToMany、@ManyToOne 和@ManyToMany 元注释都定义在 javax.persistence 包中。

2. 实体关系的关联方向

实体关系的关联方向可以是双向（Bidirectional）的，也可以是单向（Unidirectional）的。关联关系的主动的一方称为固有方，对应地将另一方称为相反方。双向关联关系既包括固有方也包括相反方，单向关联关系只包括固有方。固有方决定持久性运行时如何修改数据库中的关联关系。

在双向关联关系中，每个实体都有一个关联域或属性引用另一个实体，借助关联域或属性，一个类可以访问其关联对象。关联域或属性必须遵循以下规则。

（1）双向关联关系中的相反方必须用@OneToOne、@OneToMany 或@ManyToMany 元

注释中的 mappedBy 元素引用固有方，mappedBy 元素指明了实体中的域或属性拥有关联关系。

（2）多对一双向关联中的多方不能定义 mappedBy 元素，多方总是关系的固有方。

（3）在一对一双向关联中，固有方对应的是包含外键的一方。

（4）在多对多双向关联中，每方都可作为固有方。

单向关联关系中，只有一方有关联域或属性引用另一方。

Java 持久性查询语言和标准 API 查询经常通过关联关系导航，关联方向决定了查询是否可以从一方导航向另一方，单向关联总是从固有方向相反方查询，而双向关联从两个方向查询都是可以的。

实体之间的关联关系和关联方向可以同时起作用。考虑到一对多双向和多对一双向实际上没有差别，这样，在两个有关联关系的实体之间，存在七种关系：一对一单向、一对一双向、一对多单向、一对多双向、多对一单向、多对多单向、多对多双向。

3. 关联关系中的级联操作

关联的实体经常依靠有关联的另一个实体的存在，考察@OneToOne、@OneToMany、@ManyToOne 和@ManyToMany 这四个元注释，可以知道其中都包含有“cascade”元素，这个元素可以用来定义级联操作（Cascade Operations），其取值为 CascadeType 枚举所定义的级联操作。

实体的级联操作如表 5.1 所示。

表 5.1　实体的级联操作

级 联 操 作	操 作 说 明
ALL	下面定义的所有级联操作都用到
DETACH	如果所在实体被从持久性上下文中分离，则关联实体也将被分离
MERGE	如果所在实体被并入持久性上下文中，则关联实体也将被并入
PERSIST	如果所在实体被持久化到持久性上下文中，则关联实体也将被持久化
REFRESH	如果所在实体被刷新到持久性上下文中，则关联实体也将被刷新
REMOVE	如果所在实体被从持久性上下文中移除，则关联实体也将被移除

定义级联操作的结果是当对具有关联关系的一方进行了上述某种操作后，系统将自动对关联方进行同样的操作。其目的是简化程序设计，程序员不必总是考虑这些细节，仅需给出说明性的代码，真正的实现过程由 Java EE 系统完成。例如，

```
@OneToMany(cascade=REMOVE, mappedBy="customer")
public Set<Order> getOrders() { return orders; }
```

就定义了一个级联删除关联，可以定义上述任意一种级联操作的关联。

4. 关联关系中的孤体移除

同样，孤体移除（Orphan Removal）的定义也具有类似的效果。孤体移除用于一对一或一对多关联中，在@OneToOne、@OneToMany 两个关联元注释中包含有“orphanRemoval”元素，这是一个逻辑类型的元素，默认为 false。

当一对一或一对多关系中的目标实体从关联关系中删除时，通常希望将删除操作级联到目标实体。“orphanRemoval”元素可以用来指定是否自动删除其关联实体，将逻辑值设定为

"true"代表自动删除。

```
@OneToMany(mappedBy="customer", orphanRemoval="true")
```

5.2.3 实体的继承层次

1. 抽象实体

实体也支持类继承和多态，以及多态查询。实体类可以扩展非实体类，非实体类也可以扩展实体类，实体类还可以是抽象类。

抽象类可以通过使用@Entity 元注释修饰而成为抽象实体，抽象实体类似于普通实体但不能实例化。

抽象实体能够像普通实体一样查询，如果抽象实体成为查询操作的标的，则所有的查询操作都将针对其子类。

2. 映射父类

实体可以继承自含有持久性状态和映射信息，但不是实体的类，这种类没有标示以@Entity 元注释，也没有映射到数据库，往往这种情况还是很常用的。

定义映射父类的方法是用@MappedSuperclass 元注释修饰父类。映射父类不能查询，从而不能用 EntityManager 或 Query 来操作，而只能对其实体子类进行 EntityManager 操作或 Query 操作。映射父类不能作为关联关系的目标实体。映射父类可以是抽象类，也可以是实际类。映射父类在底层数据库中没有对应的表，继承映射父类的实体类定义表映射。

3. 非实体父类

实体类可以继承一个非实体的父类，称为非实体父类，非实体父类可以是抽象类，也可以是实际类。非实体父类的状态是非持久化的，也就是不能存储到数据库中的，实体类所继承的状态也是非持久化的。非实体父类是不能查询的，不能用 EntityManager 或 Query 来操作。

4. 实体继承映射对策

可以通过在继承根类采用@Inheritance 元注释修饰的方法配置继承实体怎样与底层数据库映射。有三种对策用于实体数据与底层数据库的映射，三种对策所使用的值定义在 InheritanceType 枚举中，供@Inheritance 元注释的 strategy 元素选用，以说明所选择的对策。如果不加明确说明，则采用默认对策 SINGLE_TABLE。

对策一：SINGLE_TABLE，是每个类等级映射一个单表，也就是在一个继承等级中所有的类共同使用一个数据表进行存储。

对策二：TABLE_PER_CLASS，是每个实际类映射到一个不同的表，也就是在一个继承等级中的每个类各自存储一个数据表。

对策三：JOINED，是将一个继承等级中的根类的属性对应一个表，而每个子类层次定义一个只包含子类中新定义的属性或域的表。

有兴趣的读者可以简单比较一下三种对策的存储量问题。

5.2.4 实体的管理和操作

实体的管理和操作由实体管理器负责管理，在 javax.persistence 包中定义了一个实体管理器 EntityManager 接口，在实体管理的过程中起着十分重要的作用。每个 EntityManager 的实例关联一个持久性上下文：一组在特定的数据存储中存在的管理实体实例。一个持久性上下文定义一个特定的实体实例被创建、保存和删除的范围。EntityManager 接口定义了用来与持久性上下文交互的各种方法，可以完成多种管理和操作实体的行为，具体可以参照 API 文档中对于 EntityManager 接口的介绍，主要有以下一些方法。

```
        persist(Object entity)          使实例被纳入管理和持久
        merge(T entity)                 将给定实体的状态合并到当前的持久化上下文中
        remove(Object entity)           删除实体实例
        find(Class<T> entityClass, Object primaryKey)
        find(Class<T> entityClass, Object primaryKey, Map<String,Object> properties)
        find(Class<T> entityClass, Object primaryKey, LockModeType lockMode)
        find(Class<T> entityClass, Object primaryKey, LockModeType lockMode, Map<String,
Object> properties)
                                        分别支持几种通过主键查找，搜索指定类和主键的实体
        getReference(Class<T> entityClass, Object primaryKey)
                                        获取一个实体实例，它的状态可能被延迟地获取
        flush()                         将持久化上下文与底层数据库同步
        lock(Object entity, LockModeType lockMode)
        lock(Object entity, LockModeType lockMode, Map<String,Object> properties)
                                        使用指定的锁定模式类型锁定包含在持久上下文中的实体实例
        refresh(Object entity)
        refresh(Object entity, Map<String,Object> properties)
        refresh(Object entity, LockModeType lockMode)
        refresh(Object entity, LockModeType lockMode, Map<String,Object> properties)
                                        从数据库刷新实例的状态，改写对实体的更改
        clear()                         清除持久性上下文
        detach(Object entity)           从持久性上下文中删除给定的实体
        createQuery(String qlString)
        createQuery(CriteriaQuery<T> criteriaQuery)
        createQuery(CriteriaUpdate updateQuery)
        createQuery(CriteriaDelete deleteQuery)
        createQuery(String qlString, Class<T> resultClass)
                                        分别支持几种方式的 Java 持久性查询语言操作
        createNamedQuery(String name)
        createNamedQuery(String name, Class<T> resultClass)
                                        分别支持两种方式的 Java 持久性命名查询
```

在程序设计中，实体管理和操作的关键是获得 EntityManager 实例，只要获得了实体管理器实例，就可以调用上述各种方法完成相应的操作。根据获得 EntityManager 实例的不同，可以分为容器管理的实体管理器和应用管理的实体管理器。前者是直接注入实体管理器对象实例，后者是注入实体管理器工厂对象实例，然后利用实体管理器工厂对象实例生成 EntityManager 实例。

1. 容器管理的实体管理器

借助容器管理的实体管理器，EntityManager 实例的持久性上下文被容器自动传播到所有在单一的 Java 事务中使用 EntityManager 实例的应用程序组件。JTA 事务经常参与调用应

用组件。完成一个事务，这些组件通常需要访问单独的持久性上下文，这发生在 EntityManager 用 PersistenceContext 元注释注入到应用组件中时，持久性上下文被事务自动传播，应用组件不再需要传递引用。实体管理器的生命周期由容器管理。为获取实例而注入 EntityManager 到应用组件中的方式为：

```
@PersistenceContext
EntityManager em;
```

2. 应用管理的实体管理器

应用管理的实体管理器是指应用程序需要访问一个不是由事务传播的持久性上下文时，每个 EntityManager 生成一个新的孤立的持久性上下文。EntityManager 实例和对应的持久性上下文只由应用程序明确地生成和销毁，EntityManager 实例的生命周期由应用管理。它们也用在直接注入 EntityManager 实例不能完成的时候，因为 EntityManager 实例不是线程安全的。EntityManagerFactory 实例是线程安全的。

应用程序生成 EntityManager 实例的方式是使用 javax.persistence.EntityManagerFactory 的 createEntityManager 方法。获取一个 EntityManager 实例首先要获取 EntityManagerFactory 的实例，具体方式为：

```
@PersistenceUnit
EntityManagerFactory emf;
```

然后，就可以生成 EntityManager 实例了。

```
EntityManager em = emf.createEntityManager();
```

应用管理的实体管理器不能自动传播事务上下文，所以应用程序需要手动获取对事务管理器的访问。

3. 持久性单元

持久性单元定义了一个应用程序中由 EntityManager 管理的所有实体类的集合，这个实体类的集合代表在单一的数据存储中包含的数据。

持久性单元用 persistence.xml 配置文件定义，程序清单 5.5 是一个 persistence.xml 文件的片段。

程序清单 5.5

```
<persistence>
    <persistence-unit name="OrderManagement">
        <description>This unit manages orders and customers.
            It does not rely on any vendor-specific features and can
            therefore be deployed to any persistence provider.
        </description>
        <jta-data-source>jdbc/MyOrderDB</jta-data-source>
        <jar-file>MyOrderApp.jar</jar-file>
        <class>com.widgets.Order</class>
        <class>com.widgets.Customer</class>
    </persistence-unit>
</persistence>
```

持久性单元由文件的 persistence-unit 标记定义，jta-data-source 标记说明数据源，jar-file 标记和 class 标记说明被管理的持久性类。

持久性单元要有一个根目录，根目录确定了持久性单元的范围，其中含有 JAR 文件，其下的 META-INF 目录含有 persistence.xml 文件。

5.2.5 查询实体

Java 持久性 API 提供了以下两种方法查询实体。

Java 持久性查询语言（Java Persistence Query Language，JPQL）是一种简单的类似于 SQL 的基于字符串的语言，用于查询实体及实体间的关系。

标准 API（Criteria API）使用 Java 编程语言 API 生成类型安全的查询，用于查询实体及实体间的关系。

两者各有长处和短处。JPQL 简单、可读性强，JPQL 命名查询可以使用 Java 编程语言元注释定义在实体类中或应用程序的部署描述符中，但 JPQL 不是类型安全的。标准 API 允许在应用程序的业务层定义查询，标准查询是类型安全的，标准的 API 只是一个 Java 编程语言的 API，不需要开发人员学习其他查询语言的语法。标准查询比 JPQL 更烦琐，通常需要创建几个对象，在向实体管理器提交查询之前先对这些对象执行操作。

5.3 Java 持久性查询语言

Java 持久性查询语言定义了实体和持久性状态查询，允许编写便携式查询，不必考虑底层数据存储。JPQL 中使用实体的持久性模式抽象，语法与 SQL 相似。

5.3.1 查询语言术语

抽象模式：查询操作中的持久性模式抽象（持久性实体、状态、关联关系），查询语言转换持久性模式抽象的查询为运行于与实体相映射的数据库模式的查询。

抽象模式类型：抽象模式中实体的持久化属性的类型，即实体中每个持久性域或属性在抽象模式中有一个对应的状态域。抽象模式中的实体类型来自实体类和元数据信息。

巴科斯-诺尔范式（BNF）：一种高等级语言的描述句法的标记。

导航：查询语言表达式中的关系遍历，导航操作是一个阶段。

路径表达式：引导实体状态或关联域的一个表达式。

状态域：实体的持久性状态。

关联域：实体的持久性关联域，其类型是抽象模式的类型。

5.3.2 用 Java 持久性查询语言生成查询

1. 实体管理器中的查询方法

实体管理器 EntityManager 中的 createQuery 方法和 createNamedQuery 方法用来查询数据存储。

createQuery 方法的功能是执行一个 Java 持久化查询语言语句，创建一个 Query 实例；方法的参数是一个 Java 持久性查询字符串，返回类型是一个 Query 对象，方法的原型如下。

```
Query createQuery(java.lang.String qlString)
```

createQuery 方法用来直接在应用程序的业务逻辑中生成动态查询，如在程序清单 5.6 的 findWithName 方法中就使用了 createQuery 方法查询。

程序清单 5.6

```
@PersistenceContext
public EntityManager em;
...
public List findWithName(String name) {
return em.createQuery(
    "SELECT c FROM Customer c WHERE c.name LIKE :custName")
    .setParameter("custName", name)
    .setMaxResults(10)
    .getResultList();
}
```

其中的 setParameter 方法、setMaxResults 方法、getResultList 方法是在已经获得的 Query 实例的基础上做了进一步处理，将查询结果进行进一步组织，以 List 的形式输出。

createNamedQuery 方法的功能是执行一个命名查询，创建一个 Query 实例，其中的命名查询可以是 JPQL 查询，还可以是本地查询；方法的参数是一个元数据定义的查询，返回类型是一个 Query 对象，方法的原型如下。

```
Query createNamedQuery(java.lang.String name)
```

createNamedQuery 方法用来生成静态查询，程序清单 5.7 中就使用了 createNamedQuery 方法查询，方法中的查询参数则是通过@NamedQuery 元注释所定义的元数据给出的。@NamedQuery 元注释的“name”属性给出了元数据名称，“query”属性给出了元数据的值。

程序清单 5.7

```
@NamedQuery(
    name="findAllCustomersWithName",
    query="SELECT c FROM Customer c WHERE c.name LIKE :custName"
)

@PersistenceContext
public EntityManager em;
...
customers = em.createNamedQuery("findAllCustomersWithName")
    .setParameter("custName", "Smith")
    .getResultList();
```

2. Query 接口

在 javax.persistence 包中定义了一个 Query 接口，专门用来控制查询操作的执行，其中定义了很多方法，便于用户对 Java 持久性查询的查询过程和查询结果进行进一步处理，程序员可以根据自己的设计意图通过调用这些方法完成设计，主要的方法如下。

```
List getResultList()                              执行"SELECT"查询并返回结果的 List 列表
Object getSingleResult()                          执行"SELECT"查询并返回单一结果
int executeUpdate()                               执行更改或删除操作语句
Query setMaxResults(int maxResult)                设置检索结果的最大数
int getMaxResults()                               获取查询对象要检索的结果的最大数
Query setFirstResult(int startPosition)           设置首个检索结果的位置
int getFirstResult()                              获取首个检索结果的位置
<T> Query setParameter(Parameter<T> param, T value)
                                                  绑定参数对象的值
Set<Parameter<?>> getParameters()                 获取与查询的声明参数对应的参数对象
```

5.3.3 Java 持久性查询语言的基本语句

附录 A 中用 BNF 符号描述了完整的 Java 持久性查询语言的语法及所有语句。这里只将 Java 持久性查询语言包含的 3 个语句、6 个子句做个简单介绍。

1. Select 语句

Select 语句可以由最多 6 个子句构成：SELECT、FROM、WHERE、GROUP BY、HAVING、ORDER BY，其中 SELECT 子句和 FROM 子句是必须有的，其他 4 个子句根据需要选用。SELECT 子句定义了查询返回的对象或值的类型，FROM 子句定义了查询的范围，可以使用一个或多个变量辅助说明。

Select 语句的 BNF 符号描述如下。

```
QL_statement ::= select_clause from_clause
[where_clause][groupby_clause][having_clause][orderby_clause]
```

2. Update 语句

Update 语句由 2 个子句构成：UPDATE 子句和 WHERE 子句。UPDATE 子句是必须有的，WHERE 子句是可选的。UPDATE 子句确定了要更改的实体的类型。

Update 语句的 BNF 符号描述如下。

```
update_statement :: = update_clause [where_clause]
```

3. Delete 语句

Delete 语句由 2 个子句构成：DELETE 子句和 WHERE 子句。DELETE 子句是必须有的，WHERE 子句是可选的。DELETE 子句确定了要删除的实体的类型。

Delete 语句的 BNF 符号描述如下。

```
delete_statement :: = delete_clause [where_clause]
```

4. FROM 子句

FROM 子句用说明标识变量定义了查询的范围。FROM 子句所含有的成分主要包括标识变量说明和集合成员说明两部分。在标识变量说明部分，可以使用标识符描述查询对象及其所在的表的名称等，可以使用 IN、AS 关键字构造复杂的标识表达式。在集合成员说明部分可以说明当处理一对多关联关系时，所要查询的实体的集合，这部分必须包含 IN 关键字。

5. WHERE 子句

WHERE 子句中定义了一个逻辑类型的条件表达式，限定了查询的返回值，查询操作将返回数据存储中所有能够让条件表达式的结果为“TRUE”的符合值，WHERE 子句是可选的。

6. SELECT 子句

SELECT 子句定义了查询所要返回的对象或值的类型，返回类型决定于选择表达式的结果类型。选择表达式可以是多表达式，查询的结果将是按照各个表达式的顺序排列，并且类型是各个表达式的类型。可以在 SELECT 子句中使用 DISTINCT 关键字，目的是消除结果中的相同值。当结果可能是 Collection 这种允许重复的类型时，DISTINCT 关键字是必须用的。

7. ORDER BY 子句

ORDER BY 子句可以将查询结果排序，排序的依据是 ORDER BY 子句中的元素，如果 ORDER BY 子句中包含多个元素，起作用的优先顺序是自左向右。使用 ORDER BY 子句的前提是查询返回的结果是可排序的。ORDER BY 子句是可选的。

8. GROUP BY 子句和 HAVING 子句

GROUP BY 子句允许将查询到的值按照一组属性分组，HAVING 子句与 GROUP BY 子句一起使用，给查询结果以更多的限制。HAVING 子句中使用一个条件表达式。GROUP BY 子句和 HAVING 子句是可选的。

5.4 标准 API

Java EE 6 将持久性版本从 1.0 提升到 2.0，引入了标准 API 与中间模型 API。

5.4.1 标准 API 与中间模型 API

与 JPQL 相似，标准 API（Criteria API）也是基于持久性实体、关联和嵌入对象的抽象模式，标准 API 通过调用持久性 API 让开发人员能够完成对持久性实体的查找、修改、删除等操作。中间模型 API（Metamodel API）与标准 API 和谐工作，完成对持久性实体类的翻模（Model）工作，进行标准查询。

从总体上看，JPQL 与标准 API 的查询操作是相似的，所完成的工作也几乎是等效的。与 JPQL 相比，标准 API 是类型安全的、便携式的，并且不依赖底层数据存储，不过其工作步骤和代码要比 JPQL 烦琐。程序清单 5.8 就说明了这个问题。

程序清单 5.8

```
EntityManager em = ...;
CriteriaBuilder cb = em.getCriteriaBuilder();
CriteriaQuery<Pet> cq = cb.createQuery(Pet.class);
Root<Pet> pet = cq.from(Pet.class);
cq.select(pet);
TypedQuery<Pet> q = em.createQuery(cq);
List<Pet> allPets = q.getResultList();
```

这段代码所完成的工作相当于一个 JPQL 查询语句：

```
SELECT p FROM Pet p
```

这个例子也演示了使用标准 API 完成一个查询所要经过的基本步骤：

（1）用一个 EntityManager 实例生成一个 CriteriaBuilder 对象；

（2）通过生成 CriteriaQuery 接口的实例生成一个标准 query 对象实例；

（3）通过调用 CriteriaQuery 对象的 from 方法设置查询根；

（4）通过调用 CriteriaQuery 对象的 select 方法指定查询结果的类型；

（5）通过生成一个 TypedQuery<T>泛型实例准备执行查询，指定查询结果的类型；

（6）在 TypedQuery<T>对象上调用 getResultList 方法执行查询，因为这个查询将返回实体的集合，所以要把结果放入一个 List 中存储。

上面的工作步骤恰好与程序清单 5.8 中的语句对应。

CriteriaBuilder 接口、CriteriaQuery 接口都被定义在 javax.persistence.criteria 包中，这个包是专门为标准 API 设置的，其中的内容都是为标准查询而定义的。

5.4.2 使用中间模型 API 翻模实体类

所谓翻模（Model），指的是用中间模型 API 生成一个中间模型，称为中间模型类，这个中间模型类与某个特定的持久性单元中的管理实体类有对应的域或属性。

例如，在程序清单 5.9 的持久性实体类 Pet 中，包含了 4 个持久性域：id、name、color 和 owners。其中的 id 域被声明为这个实体的主键，用@Id 标示，owners 域是一个 Person 类的集合泛型，代表宠物的所有者，并且用@ManyToOne 标示，Pet 类与 Person 类之间存在多对一关系。

程序清单 5.9

```
@Entity
public class Pet {
    @Id
    protected Long id;
    protected String name;
    protected String color;
    @ManyToOne
    protected Set<Person> owners;
    ...
```

```
}
```

对应的中间模型类如程序清单 5.10 所示。

程序清单 5.10

```
@Static Metamodel(Pet.class)
public class Pet_ {
    public static volatile SingularAttribute<Pet, Long> id;
    public static volatile SingularAttribute<Pet, String> name;
    public static volatile SingularAttribute<Pet, String> color;
    public static volatile SetAttribute<Pet, Person> owners;
}
```

中间模型类及其描述用于标准查询中，引用管理实体类及它的持久性状态和关联关系。

中间模型类的类型为 EntityType<T>，由元注释处理器在开发时或运行时生成。使用标准查询的开发人员可以通过持久性提供者的元注释处理器生成静态的中间模型类，也可以通过调用查询根对象的 getModel 方法获得中间模型类，还可以先获得一个 Metamodel 接口的实例，然后传递实体的类型给这个实例的 entity 方法获得中间模型类。

EntityType 接口、Metamodel 接口等都被定义在 javax.persistence.metamodel 包中，这个包中所定义的内容都是与中间模型有关的 API。

程序清单 5.11 说明怎样通过调用查询根对象的 getModel 方法获得 Pet 类的中间模型类。

程序清单 5.11

```
EntityManager em = ...;
CriteriaBuilder cb = em.getCriteriaBuilder();
CriteriaQuery cq = cb.createQuery(Pet.class);
Root<Pet> pet = cq.from(Pet.class);
EntityType<Pet> Pet_ = pet.getModel();
```

程序清单 5.12 说明怎样通过使用 EntityManager.getMetamodel 先获得一个 Metamodel 接口的实例，然后传递实体的类型给这个实例的 entity 方法获得 Pet 类的中间模型类。

程序清单 5.12

```
EntityManager em = ...;
Metamodel m = em.getMetamodel();
EntityType<Pet> Pet_ = m.entity(Pet.class);
```

5.4.3 使用标准 API 与中间模型 API 查询

1. 生成标准查询

使用标准 API 与中间模型 API 生成的查询是类型安全的，程序清单 5.8 的代码给出了使用标准 API 查询的基本步骤，其中的 query 对象是 javax.persistence.criteria.CriteriaQuery 接口的实例。另外查询根也可能多于一个，例如，

```
CriteriaQuery<Pet> cq = cb.createQuery(Pet.class);
Root<Pet> pet1 = cq.from(Pet.class);
Root<Pet> pet2 = cq.from(Pet.class);
```

就得到了两个查询根。查询根与 JPQL 中的 FROM 子句很相像。

2. 用 Joins 查询关联关系

导航到相关的实体类的查询，查询必须通过在查询根对象或其他的连接对象上调用 From.join 方法给关联实体定义一个 Join。join 方法类似于 JPQL 的 JOIN 关键字。join 方法的目标实体使用 EntityType<T>类型的中间模型类定义关联实体的持久性域或属性。join 方法返回一个 Join<X, Y>类型的对象，这里的 X 是导航的源实体，Y 是 join 方法的目标实体。程序清单 5.13 说明了这个问题，其中 Pet 是源实体，Owner 是目标实体。

From 接口、Join 接口、Expression 接口都被定义在 javax.persistence.criteria 包中。

程序清单 5.13

```
CriteriaQuery<Pet> cq = cb.createQuery(Pet.class);
Metamodel m = em.getMetamodel();
EntityType<Pet> Pet_ = m.entity(Pet.class);

Root<Pet> pet = cq.from(Pet.class);
Join<Pet, Owner> owner = pet.join(Pet_.owners);
```

Join 可以与目标实体的关联实体的导航捆绑到一起，这样可以避免生成 Join<X, Y>型对象，代码片段如程序清单 5.14 所示。

程序清单 5.14

```
CriteriaQuery<Pet> cq = cb.createQuery(Pet.class);
Metamodel m = em.getMetamodel();
EntityType<Pet> Pet_ = m.entity(Pet.class);
EntityType<Owner> Owner_ = m.entity(Owner.class);

Root<Pet> pet = cq.from(Pet.class);
Join<Owner, Address> address = cq.join(Pet_.owners).join(Owner_.addresses);
```

3. 标准查询中的 Path 导航

Path 对象用在标准查询的 SELECT 子句和 WHERE 子句中，可查询根实体、关联实体及其他路径对象，Path.get 方法用于导航查询的实体的描述。

get 方法的参数是实体中间模型类的对应描述，可以是中间模型类中由@Singular Attribute 定义的单值描述，也可以是由@CollectionAttribute、@MapAttribute、@ListAttribute 和@SetAttribute 其中之一定义的集合值描述。

程序清单 5.15 中的查询返回了数据存储中的所有对象，查询根的 get 方法用 Pet 实体的中间模型类的 name 描述调用，Pet_ 作为参数。

程序清单 5.15

```
CriteriaQuery<String> cq = cb.createQuery(String.class);
Metamodel m = em.getMetamodel();
EntityType<Pet> Pet_ = m.entity(Pet.class);

Root<Pet> pet = cq.from(Pet.class);
cq.select(pet.get(Pet_.name));
```

4. 限制标准查询结果

标准查询对象的查询结果能够通过调用 CriteriaQuery.where 方法根据条件集做出限制，显然 where 方法与 JPQL 中的 WHERE 子句相像。Expression 接口的实例可以作为一个条件表达式，作为 where 方法的限制条件，其作用就是通过该方法给出限制条件，可以用在 SELECT 子句、WHERE 子句和 HAVING 子句中。该接口的实例可以用 Expression 接口或 CriteriaBuilder 接口的方法生成。程序清单 5.16 展示了使用 Expression 接口的 isNull 方法的例子。

程序清单 5.16

```
CriteriaQuery<Pet> cq = cb.createQuery(Pet.class);
Metamodel m = em.getMetamodel();
EntityType<Pet> Pet_ = m.entity(Pet.class);
Root<Pet> pet = cq.from(Pet.class);
cq.where(pet.get(Pet_.color).isNull());
```

程序清单 5.17 展示了使用 CriteriaBuilder 接口的 equal 方法的例子。

程序清单 5.17

```
CriteriaQuery<Pet> cq = cb.createQuery(Pet.class);
Metamodel m = em.getMetamodel();
EntityType<Pet> Pet_ = m.entity(Pet.class);
Root<Pet> pet = cq.from(Pet.class);
cq.where(cb.equal(pet.get(Pet_.name)), "Fido");
```

5. 管理标准查询结果

如果查询返回了多于一个的查询结果，可以使用 CriteriaQuery 接口的以下方法做出相应处理：orderBy 方法为结果排列次序，groupBy 方法为结果分组，having 方法根据条件限制分组。程序清单 5.18 展示了使用 orderBy 方法排序的例子，orderBy 方法中的条件是通过调用 CriteriaBuilder 接口的 asc 方法给出的，表示升序排列。

程序清单 5.18

```
CriteriaQuery<Pet> cq = cb.createQuery(Pet.class);
Root<Pet> pet = cq.from(Pet.class);
Join<Owner, Address> address = cq.join(Pet_.owners).join(Owner_.address);
cq.select(pet);
cq.orderBy(cb.asc(address.get(Address_.postalCode));
```

程序清单 5.19 展示了使用 groupBy 方法和 having 方法分组的例子，其中在 having 方法中还使用了 CriteriaBuilder 接口的 in 方法。

程序清单 5.19

```
CriteriaQuery<Pet> cq = cb.createQuery(Pet.class);
Root<Pet> pet = cq.from(Pet.class);
cq.groupBy(pet.get(Pet_.color));
cq.having(cb.in(pet.get(Pet_.color)).value("brown").value("blonde");
```

6. 执行查询

在执行查询前，要准备一个 TypedQuery<T>对象，其类型要与 createQuery 方法返回的查询结果的类型一致。

查询操作是通过调用 TypedQuery<T>的 getSingleResult 方法或 getResultList 方法执行的，前者是当查询返回单个结果时调用，后者则是当查询返回多个结果的集合时调用。

5.5 事务

5.5.1 事务的概念

1. 什么是事务

在 Java EE 平台上运行的业务系统通常都是基于数据库服务系统的应用程序，需要进行大量的数据处理和数据存储操作，数据对于应用系统而言至关重要。为保证应用系统能够持续运行，所处理的数据必须是精确、正确和可靠的。

大型系统会同时有多个组件和多个用户同时运行，这些组件和用户共享业务数据。如果多个组件和多个用户被允许同时更改相同的数据，或者当业务流程正在保留结果数据并且部分数据已经更改时，系统出现故障或运行失效，重要数据就会丢失，数据的完整性就无法得到保证。另一种情形是，对于一个比较复杂的业务，一个处理操作或许需要修改多处数据，如何保证数据存储中数据的一致性也是一个必须面对的问题。为预防这两种情况的发生，软件事务要确保数据完整。

Java 事务 API（Java Transaction API，JTA）为此而定义了事务的概念。所谓事务就是把一些相互之间存在内在关联的操作定义为一个整体，这些操作在执行时要么都被执行，要么都不被执行。当所有的操作都成功时，事务才成功完成；如果其中有一个操作失败，事务就要采取“Rollback”（回滚）操作，把已经完成的操作取消，使整个系统恢复到事务中所有动作执行前的状态。这种性质称为事务的原子性。

事务还能控制数据的多程序并发存取，当系统失效事件发生时，事务能确保恢复后的数据保持一致状态。

2. 事务的分类

EJB 3.0 规范提供了两种事务服务机制：容器管理的事务（Container-Managed Transactions）和 Bean 管理的事务（Bean-Managed Transactions）。

容器管理的事务可以配合任何一种 Bean 一起使用，无论是会话 Bean 还是消息驱动 Bean，并且容器管理的事务开发过程比较简单，只需通过配置文件或标注即可完成。容器管理的事务不要求 Bean 中所有方法都与事物关联，在开发 Bean 时，只要设置事务描述，指明哪个方法与事物关联即可。另外，由于容器总是在一个 Bean 方法开始之前进行容器管理的事务，而且也总是在一个 Bean 方法结束之前提交一个容器管理的事务，因此往往可以让一个 Bean 方法关联一个容器管理的事务。

与容器管理的事务相比，Bean 管理的事务的设计工作就比较烦琐，需要通过程序设计完成，要在 Bean 的代码中编写相应的指令，明确指定事务的开始和结束。但这种方法却可以很好地控制事务的执行。

3. 事务的工作方式

无论是容器管理的事务还是 Bean 管理的事务，都能够与各种 Bean 很好地协调工作，因此可以看到事务与各种 Bean 一起使用的例子。对于 Java 持久性所要处理的问题，更是经常要把 Java 持久性 API 与事务一起使用，这样的例子不胜枚举。

5.5.2 Java 事务 API

Java 事务 API（Java Transaction API，JTA）是一套为事务制定的 Java 语言 API，允许应用程序以独立于具体实现的方式访问事务，所有的 JTA API 的内容都存储在 javax.transaction 包中。JTA 定义了在事务管理器和分布式事务系统之间的标准 Java 界面。在 JTA 中定义了一个 UserTransaction 接口，其中定义了 begin 方法、commit 方法、rollback 方法，分别用于开始一个事务、提交一个事务、回滚一个事务。除 UserTransaction 接口外，TransactionManager 接口、Transaction 接口、XAResource 接口和 Xid 接口也都是 JTA 中起着重要作用的接口。

在 GlassFish 服务器上，还实现了 Java 事务服务（Java Transaction Service，JTS）。

定义事务需要使用 begin 方法和 commit 方法，把所有需要作为事务来定义的操作都放到以 begin 方法开头、以 commit 方法结尾的程序段中。调用 begin 方法和 commit 方法需要用到 UserTransaction 接口的实例，这需要采用注入的方式获得。

注入 UserTransaction 的方式为：

```
@Resource
UserTransaction utx;
```

下面的例子示范了如何用应用管理的实体管理器管理事务，代码片段如程序清单 5.20 所示。

程序清单 5.20

```
@PersistenceContext
EntityManagerFactory emf;
EntityManager em;

@Resource
UserTransaction utx;

em = emf.createEntityManager();
try {
    utx.begin();                    //开始事务
    em.persist(SomeEntity);
    em.merge(AnotherEntity);
    em.remove(ThirdEntity);
    utx.commit();                   //结束事务
} catch (Exception e) {
utx.rollback();
}
```

这段代码中还给出了用 EntityManager 实例持久化实体、合并实体、清除实体的示范。还可使用 EntityManager 实例在数据库中查找实体，具体为：

```
em.find(Customer.class, custID);
```

5.5.3 一个使用持久性和 Java 事务 API 的实例

持久性与事务的关联是非常密切的。在实际工作中，都是把持久性操作与 Java 事务操作一起使用的，多数情形下，把这两项技术的内容编写到 EJB 中，完成数据的查询、修改等工作，作为软件系统的业务逻辑内容。

下面的例子是在程序清单 5.1 所定义的 Good 实体类的基础上定义的一个业务逻辑组件，create 方法、delete 方法、update 方法中几次使用了事务，都完成了实体的持久性操作。具体代码如程序清单 5.21 所示。

程序清单 5.21

```
package service;

import java.util.List;

import javax.persistence.Query;
import javax.persistence.EntityManager;
import javax.persistence.EntityManagerFactory;
import javax.persistence.Persistence;

import shop.Good;
import shop.Seller;
```

```
public class GoodFacade {

    private EntityManager em;

    public void create(Good g) {
        EntityManagerFactory  emf  =  Persistence.createEntityManagerFactory
("shop");
        EntityManager em = emf.createEntityManager();
        em.getTransaction().begin();
        em.persist(g);
        em.getTransaction().commit();
        em.close();
        emf.close();
    }

    public void delete(Good g) {
        EntityManagerFactory  emf  =  Persistence.createEntityManagerFactory
("shop");
        EntityManager em = emf.createEntityManager();
        em.getTransaction().begin();
        Good good = em.find(shop.Good.class, g.getGid());
        em.remove(good);
        em.getTransaction().commit();
        em.close();
        emf.close();
    }

    public void update(Good g) {
        EntityManagerFactory  emf  =  Persistence.createEntityManagerFactory
("shop");
        EntityManager em = emf.createEntityManager();
        em.getTransaction().begin();
        Good good= em.find(shop.Good.class, g.getGid());
        good = g;
        em.merge(good);
        em.getTransaction().commit();
        em.close();
        emf.close();
    }

    public Good findbyPk(int id) {
        EntityManagerFactory  emf  =  Persistence.createEntityManagerFactory
("shop");
        EntityManager em = emf.createEntityManager();
        Good good = em.find(shop.Good.class, id);
        em.close();
```

```
        emf.close();
        return good;
    }

    public List<Good> findAll() {
        EntityManagerFactory  emf  =  Persistence.createEntityManagerFactory
("shop");
        EntityManager em = emf.createEntityManager();
        String jpql = "SELECT c FROM Good c";
        List<Good> goodlist = em.createQuery(jpql, shop.Good.class).getResultList();
        em.close();
        emf.close();
        return  goodlist;
    }

    public List<Good> getLTH() {
        EntityManagerFactory  emf  =  Persistence.createEntityManagerFactory
("shop");
        EntityManager em = emf.createEntityManager();
        String jpql = "SELECT c FROM Good c ORDER BY c.gprice asc";
        System.out.println("select select yes yes yes");
        List<Good> goodlist = em.createQuery(jpql, shop.Good.class).getResultList();
        for (int i = 0; i < goodlist.size(); i++) {
            System.out.println(goodlist.get(i).getGid());
        }
        System.out.println("select select yes yes yes");
        em.close();
        emf.close();
        return goodlist;
    }

    public List<Good> getGood() {
        EntityManagerFactory  emf  =  Persistence.createEntityManagerFactory
("shop");
        EntityManager em = emf.createEntityManager();
        String jpql = "SELECT c FROM Good c";
        List<Good> goodlist = em.createQuery(jpql, shop.Good.class).getResultList();
        em.close();
        emf.close();
        return goodlist;
    }

    public List<Good> getHTL()    {
        EntityManagerFactory emf = Persistence.createEntityManagerFactory("shop");
        EntityManager em = emf.createEntityManager();
        String jpql = "SELECT c FROM Good c ORDER BY c.gprice desc";
        System.out.println("select select yes yes yes");
```

```
                List<Good> goodlist = em.createQuery(jpql, shop.Good.class).getResultList();
                for (int i = 0; i < goodlist.size(); i++) {
                    System.out.println(goodlist.get(i).getGid());
                }
                System.out.println("select select yes yes yes");
                em.close();
                emf.close();
                return goodlist;
            }
            public Good findbyPimg(String img)      {
                EntityManagerFactory  emf  =  Persistence.createEntityManagerFactory
("shop");
                EntityManager em = emf.createEntityManager();
                int id;
                System.out.println(img);
                String jpql = "SELECT c FROM Good c WHERE c.gimgpath = :img";
                Query query = em.createQuery("SELECT c FROM Good c WHERE c.gimgpath
= :img");
                query.setParameter("img", img);
                Good good = (Good) query.getSingleResult();
                System.out.println(good.getGdescribe());
                em.close();
                emf.close();
                return good;
            }

            public Good findbyPname(String img) {
                EntityManagerFactory  emf  =  Persistence.createEntityManagerFactory
("shop");
                EntityManager em = emf.createEntityManager();
                int id;
                System.out.println(img);
                String jpql = "SELECT c FROM Good c WHERE c.gname = :img";
                Query  query  =  em.createQuery("SELECT  c  FROM  Good  c  WHERE  c.gname
= :img");
                query.setParameter("img", img);
                Good good = (Good) query.getSingleResult();
                System.out.println(good.getGdescribe());
                em.close();
                emf.close();
                return good;
            }

            public String PorderHTL(int gid) {
                EntityManagerFactory  emf  =  Persistence.createEntityManagerFactory
("shop");
```

```
        EntityManager em = emf.createEntityManager();
        String jpql = "SELECT c FROM Good c ORDER BY c.gprice desc";
        System.out.println("select select yes yes yes");
        List<Good> goodlist = em.createQuery(jpql, shop.Good.class).getResultList();
        em.close();
        emf.close();
        return goodlist.get(gid-1).getGimgpath();
    }

    public String PorderLTH(int gid) {
        EntityManagerFactory emf = Persistence.createEntityManagerFactory("shop");
        EntityManager em = emf.createEntityManager();
        String jpql = "SELECT c FROM Good c ORDER BY c.gprice asc";
        System.out.println("select select yes yes yes");
        javax.persistence.Query query = em.createQuery(jpql);
        List<Good> goodlist = em.createQuery(jpql, shop.Good.class).getResultList();
        for (int i = 0; i < goodlist.size(); i++) {
            System.out.println(goodlist.get(i).getGid());
        }
        System.out.println("select select yes yes yes");
        Good good = em.find(shop.Good.class, gid);
        System.out.println(good.getGprice());
        em.close();
        emf.close();
        return goodlist.get(gid-1).getGimgpath();
    }

    public Float PorderPriceHTL(int gid) {
        EntityManagerFactory emf = Persistence.createEntityManagerFactory("shop");
        EntityManager em = emf.createEntityManager();
        String jpql = "SELECT c FROM Good c ORDER BY c.gprice desc";
        System.out.println("select select yes yes yes");
        javax.persistence.Query query = em.createQuery(jpql);
        List<Good> goodlist = em.createQuery(jpql, shop.Good.class).getResultList();
        for (int i = 0; i < goodlist.size(); i++) {
            System.out.println(goodlist.get(i).getGid());
        }
        System.out.println("select select yes yes yes");
        Good good = em.find(shop.Good.class, gid);
        System.out.println(good.getGprice());
        em.close();
        emf.close();
        return goodlist.get(gid-1).getGprice();
    }

    public Float PorderPriceLTH(int gid) {
        EntityManagerFactory  emf  =  Persistence.createEntityManagerFactory
```

```
("shop");
                EntityManager em = emf.createEntityManager();
                String jpql = "SELECT c FROM Good c ORDER BY c.gprice asc";
                System.out.println("select select yes yes yes");
                javax.persistence.Query query = em.createQuery(jpql);
                List<Good> goodlist = em.createQuery(jpql, shop.Good.class).getResultList();
                for (int i = 0; i < goodlist.size(); i++) {
                    System.out.println(goodlist.get(i).getGid());
                }
                System.out.println("select select yes yes yes");
                Good good = em.find(shop.Good.class, gid);
                System.out.println(good.getGprice());
                em.close();
                emf.close();
                return goodlist.get(gid-1).getGprice();
            }

        }
```

下面的例子则是使用无状态会话 Bean 操作实体的实例，依然是在程序清单 5.1 所定义的 Good 实体类的基础上定义了一个无状态会话 Bean“GoodManager”，其中的两个方法，QueryAll()完成查询，createGood (Good g)生成一个新的实体并存储到数据表中。由于每个操作都要完成几个具体的动作语句，于是便将这些语句定义为一个事务。这样，这些语句便成为一个具有内在逻辑关系的执行体。具体代码如程序清单 5.22 所示。

程序清单 5.22

```
        import java.io.*;
        import javax.ejb.Stateless;
        import javax.ejb.TransactionManagement;
        import javax.ejb.TransactionManagementType;
        import javax.ejb.EJBContext;
        import javax.transaction.UserTransaction;
        import javax.annotation.Resource;
        import javax.persistence.PersistenceContext;
        import javax.ejb.EJB;
        import javax.persistence.EntityManager;

        @Stateless
        @TransactionManagement(TransactionManagementType.BEAN)
        public class GoodManager implements GoodAdmin
        {
            @Resource
            private EJBContext ctx;
            @Resource
            private UserTransaction ut;
            @PersistenceContext(unitName="mydb")
```

```
    private EntityManager manager;

    public List<Good> QueryAll()
    {
        List results=null;
        UserTransaction ut1=ctx.getUserTransaction();
        try{
            ut1.begin();
            Query q=manager.createQuery("from Good c");
            results=q.getResultList();
            ut1.commit();
        }
        catch(Exception ex)
        {
            try{
                ut1.rollback();
            }
            catch(Exception ex1){}
        }
        List<Good> result=(List<Good>)results;
        return result;
    }

    public void createGood (Good g)
    {
        try{
            ut.begin();
            Good gobj=new Good ();
            gobj.setGood_describe("a certain good");
            gobj.setGood_imgpath("a certain path");
            gobj.setGood_name("a certain name");
            gobj.setGood_price(100.00);
            gobj.setOrderitem("a certain item");
            gobj.setSeller("a certain seller");
            manager.persist(gobj);
            ut.commit();
        }
        catch(Exception ex)
        {
            try{
                ut.rollback();
            }
            catch(Exception ex1){}
        }
    }
}
```

本章涉及的 API：

javax.persistence 包中定义的持久性接口和类；

javax.persistence.criteria 包中定义的标准查询的接口和类；

javax.persistence.metamodel 包中定义的中间模型的接口和类；

javax.transaction 包中定义的 Java 事务的接口和类。

第 6 章 Web 服务

本章主要内容：Web 服务是分布式应用系统中的一个常用技术。本章主要介绍 Web 服务及相关的基本概念，首先介绍两种与 Web 服务有密切关系的网络协议知识，即 SOAP 和 WSDL 语言，之后分别专门介绍用 JAX-WS 技术构建 Web 服务和用 JAX-RS 技术构建 RESTful Web 服务的有关方法和 API。

建议讲授课时数：4 课时。

6.1 Web 服务的概念

6.1.1 什么是 Web 服务

Web 服务是客户端通过 WWW 的 HTTP 和服务器端组件进行交互和交流。Web 服务提供标准的方式，在运行于不同的平台和框架的软件应用程序之间进行互操作。Web 服务是以强大的互操作能力和可扩展能力为特征的。Web 服务可以以松耦合的方式达成复杂的操作，程序提供简单的服务，可以实现交互，达成高性能的增值服务。通俗地讲，Web 服务就是一个应用程序，它提供一个可以从外部访问的 API，用户能够通过编写一个应用程序来访问这个应用程序，访问 Web 服务应用程序的应用程序称为客户端。

从概念上讲，Web 服务是网络可访问的端点提供的软件组件，是服务的提供方和使用方通过消息交换请求和应答的自包含格式的信息。从技术上讲，Web 服务可以以多种方式实现。下面讨论两种类型的 Web 服务："大" Web 服务和 "RESTful" Web 服务。

6.1.2 JAX-WS Web 服务与 JAX-RS Web 服务

Java EE 6 Web 服务技术包括 JAX-WS（Java API for XML Web Services，面向 XML Web 服务的 Java API）和 JAX-RS（Java API for RESTful Web Services，面向 RESTful Web 服务的 Java API）两种，其中 JAX-RS 技术是 Java EE 6 技术规范新增的内容。

JAX-WS 提供"大" Web 服务的功能，"大" Web 服务使用遵从 SOAP 标准的 XML 消息，XML 语言定义了消息的架构和格式。这样的系统通常包含服务所提供的机器可读的操作描述，这种描述用 WSDL 语言写成。

RESTful（Representational State Transfer，表述性状态转移）Web 服务则是由 JAX-RS 提供的，"RESTful" Web 服务通过 HTTP 直接传输数据，与 HTTP 的结合要好于基于 SOAP 的 Web 服务。

RESTful Web 服务采用广为人知的 W3C（World Wide Web Consortium，万维网联盟）和 IETF（Internet Engineering Task Force，Internet 工程任务组）标准，并且有轻量级的允许用最小工具建立服务的基础结构，所以开发 RESTful Web 服务更经济，可以使用类似

NetBeans IDE 这样的开发工具更进一步地降低开发复杂度。

6.1.3 确定使用哪种类型的 Web 服务

从长远发展上看，RESTful Web 服务很可能会替代基于 SOAP 的“大”Web 服务。基本上 RESTful Web 服务用于 Web 整合，“大”Web 服务用于有高服务质量需求的企业应用整合脚本。高服务质量需求通常发生在企业计算中，与 JAX-RS 相比，JAX-WS 使得支持提供安全和可靠性标准的协议更容易，而 JAX-RS 使得编写提供部分或全部 REST 格式参数的 Web 应用更容易，从而使得应用具有所期望的松耦合、可测度、架构简单的属性。

6.2 SOAP 与 WSDL 简介

6.2.1 SOAP 简介

1. SOAP 的出现

SOAP（Simple Object Access Protocol，简单对象访问协议）是解决分布式系统中应用程序之间交互性需求的一个解决方案，是帮助远程计算机上的应用程序和 Web 服务进行交互的协议。

SOAP 1.0 采用 HTTP 作为发送消息的传输协议，到了 SOAP 1.1，实现了 SOAP 不依赖于某一种传输协议的思想，成为完全独立的协议，其中可以使用 SMTP、FTP、HTTP 等任何协议。目前的版本为 SOAP 1.2。

2. SOAP 的功能

SOAP 是消息系统的规范，数据表示为文本并定义为某种数据类型，包含这个数据的文本称为 SOAP 消息，它是用 XML 编写的。除了传输数据，SOAP 还在 SOAP 消息头中传输元数据。因此熟悉 XML 的人都可以阅读并理解 SOAP 消息。

SOAP 是无状态的通信协议，在传输过程中不保存数据和 SOAP 消息。

SOAP 不能引用对象，所有数据必须明确包含在 SOAP 消息中。当希望传输远程计算机上的数据时，必须通过在 SOAP 消息中执行远程过程调用，然后远程过程必须从远程计算机上得到数据。

3. SOAP 消息和发送结构

（1）SOAP 消息的结构。

SOAP 消息包含三部分：信封（envelope）、消息头（header）、消息体（body）或称为正文。信封包含 SOAP 头和正文所必需的 XML 标记。消息头是消息中可选的 XML 标记，包含元数据。正文是 SOAP 消息的必要部分，包含消息的文字。

（2）SOAP 节点和 SOAP actor。

在生成 SOAP 消息的请求者和响应请求的接收者之间，可以有任何数量的中间计算机处理 SOAP 消息。这些中间计算机称为 SOAP 节点，它接收并转发 SOAP 消息，直至消息到达接收者。

有一些 SOAP 节点只是将 SOAP 消息传递给下一个 SOAP 节点或直接传递给消息接收者；有一些节点则会根据 SOAP 节点或接收者的需要，以特定的方法处理 SOAP 消息，这种处理指令一般包含在 SOAP 消息头中，SOAP 节点会读取并处理消息头。在转发 SOAP 消息前，SOAP 节点对 SOAP 消息所做的处理称为 SOAP actor。SOAP 节点可以有多个 SOAP actor。

（3）消息体的类型。

有 3 种 SOAP 消息体：请求、响应和错误。请求消息体包含远程过程名和序列化的输入参数，在调用远程过程时，这些参数将传递给远程过程。响应消息体包含远程过程名和由远程过程返回给请求者的输出参数。错误消息体包含错误代码和错误消息，称为错误字符串，用于描述未能成功发布的消息。错误代码是表明错误的一种缩写，错误消息是描述错误的文字。

SOAP 规范定义了 4 种错误。

- VersionMismatch：当在信封中检测到无效的接收命名空间时发送。
- MustUnderstand：当 SOAP 处理器不能处理 SOAP 消息头时生成。
- Client：当客户没有正确构成 SOAP 消息时产生。
- Server：当 SOAP 服务器不能处理 SOAP 消息时，即使 SOAP 消息没有错误也会发送。

另外，SOAP actor 也能产生这 4 种 SOAP 错误。

4. 用于 XML 消息的 Java API

（1）Java API。

在 Java EE 中，一般使用 HTTP 传输 SOAP 请求，是通过在 SOAP 发送的请求中引用组件的 URL 请求组件的服务，处理完请求后，Web 服务组件用 SOAP 和 HTTP 回应请求。

通过 Java API 调用创建 JAXM（Java API for XML Messaging，面向 XML 消息的 Java API）消息。JAXM 是为 Java 平台上的应用程序定义的 API，用以通过 XML 及 SOAP 发送和接收消息，支持同步消息和异步消息。

有两种 SOAP 消息：无附件的 SOAP 消息和有附件的 SOAP 消息。两种 SOAP 消息的第一部分都称为 SOAP 部分，有附件的 SOAP 消息还有一个或多个附件部分，所有不是 XML 格式的消息都必须作为 SOAP 消息的附件传输。

有关 SOAP 消息的类和接口放在 javax.xml.soap 包中，接口有 Name、Node、SOAPEnvelope、SOAPBody、SOAPHeader、SOAPElement、SOAPFault、Text 等，类有 AttachmentPart、Message Factory、SOAPConnection、SOAPMessage、SOAPPart 等。

SOAPMessage 类创建对象实例时创建 SOAP 消息的所有部分，AttachmentPart 类创建附件。

（2）连接。

JAXM 消息通过连接直接发送给接收者或消息提供者，再由消息提供者将消息转发给接收者，消息提供者是传输和路由消息的中间过程。SOAPConnection 类用于请求者和接收者的点对点连接，ProviderConnection 类用于连接到消息提供者。

（3）创建、发送和接收点对点 SOAP 消息。

下面的例子展示了如何创建并发送点对点 SOAP 消息，如程序清单 6.1 所示。

程序清单 6.1

```
<SOAP-ENV:Envelope>
    xmlns:SOAP-ENV="http://schemas.xmlsoap.org/soap/envelope/"
    <SOAP-ENV:body>
    <NamespacePrefix:GetProductPrice xmlns:NamespacePrefix="
    http://namespace.mydomain.com">
    <productID>1234</productID>
    </NamespacePrefix:GetProductPrice>
    </SOAP-ENV:body>
</SOAP-ENV:Envelope>
```

下面的程序包含了由前面的程序所生成的实际 SOAP 消息，如程序清单 6.2 所示。

程序清单 6.2

```
import javax.xml.soap.*;
import javax.xml.messaging.*;
import java.io.*;
import java.util.*;

public class MyPointToPoint {
    public static void main(String[] args) {
        try{
            SOAPConnectionFactory sf = SOAPConnectionFactory.newInstance();
            SOAPConnection sct = sf.createConnection();
            MessageFactory mf = MessageFactory.newInstance();
            SOAPMessage smsg = mf.createMessage();
            SOAPPart sp1 = smsg.getSOAPPart();
            SOAPEnvelope env = sp1.getEnvelope();
            SOAPHeader hd = env.getHeader();
            SOAPBody bd1 = env.getBody();
            hd.detachNode();
            Name bName = env.createName(
                "GetProductPrice", "NamespacePrefix",
                "http://namespace.mydomain.com/");
            SOAPBodyElement sbe1 = bd1.addBodyElement(bName);
            Name name = env.createName("productID");
            SOAPElement se1 = sbe1.addChildElement(name);
            se1.addTextNode("1234");
            URLEndpoint ep = new URLEndpoint("ReceiveURL");
            SOAPMessage response = sct.call(smsg,ep);
            sct.close();
            SOAPPart sp2 = response.getSOAPPart();
            SOAPEnvelope se2 = sp2.getEnvelope();
            SOAPBody sb2 = se2.getBody();
```

```
            Iterator itr = sb2.getChildElement(bName);
            while(itr.hasNext()) {
                SOAPBodyElement sbe2 = (SOAPBodyElement)itr.next();
                String rValue = sbe2.getValue();
                System.out.print("price:" + rValue);
            }
        }
        catch (Exception error) {
            System.out.print("Error:" + error.getMessage());
        }
    }
}
```

（4）用消息提供者创建、发送 SOAP 消息，如程序清单 6.3 所示。

程序清单 6.3

```
import javax.xml.soap.*;
import javax.xml.messaging.*;
import java.io.*;
import java.util.*;

public class MyMessageProvider {
    public static void main(String[] args) {
        try{
            InitialContext ct = new InitialContext();
            ProviderConnectionFactory pcf
                = (ProviderConnectionFactory)ct.lookup("MsgProviderName");
            ProviderConnection pc = pcf.createConnection();
            ProviderMetaData md = pc.getMetaData();
            String[] profile1 = md.getSupportedProfiles();
            String profile2 = null;
            for(int i=0; i < profile1.length; i++)
            {
                if (profile1 [i] .equals("ebxml"))
                {
                    profile2 = profile1 [i];
                    break;
                }
            }
            if (profile2 == null)
            {
                Syatem.out.println("profile not supported");
                exit(1);
            }
            MessageFactory mf = pc.createMessageFactory(profile2);
            EbXMLMessageImpl msg = (EbXMLMessageImpl)mf.createMessage();
```

```
                msg.setSender(new Party("SenderURL"));
                msg.setReceiver(new Party("ReceiverURL"));
                SOAPMessage smsg = mf.createMessage();
                SOAPPart sp1 = smsg.getSOAPPart();
                SOAPEnvelope env = sp1.getEnvelope();
                SOAPHeader hd = env.getHeader();
                SOAPBody bd1 = env.getBody();
                hd.detachNode();
                Name bName = env.createName(
                    "GetProductPrice", "NamespacePrefix", "Namespace URL");
                SOAPBodyElement sbe1 = bd1.addBodyElement(bName);
                Name name = env.createName("productID");
                SOAPElement se1 = sbe1.addChildElement(name);
                se1.addTextNode("1234");
                pc.send(msg);
                pc.close();
            }
            catch (Exception error) {
                error.getMessage();
            }
        }
    }
```

（5）创建 SOAP 附件，如程序清单 6.4 所示。

程序清单 6.4

```
    AttachmentPart attm = smsg.createAttachmentPart();
    attm.setContentId("NewLogo");
    byte[] logo = "logo.gif";
    ByteArrayInputStream stream = new ByteArrayInputStream(logo);
    attm.setContent(stream, "image/gif");
    smsg.addAttachmentPart(attm);
```

（6）访问 SOAP 附件，如程序清单 6.5 所示。

程序清单 6.5

```
    java.util.Iterator itr = smsg.getAttachmentPart();
    while(itr.hasNext()) {
        AttachmentPart attm = itr.next();
        Object content = attm.getContent();
        String cID = attm.getContentId();
        System.out.print(cID + ": " + content);
    }
```

6.2.2 WSDL 简介

1. WSDL 内幕

Web 服务的主干是 Web 服务提供者与 XML 注册表之间，以及 XML 注册表与 Web 服务消费者之间的通信。

WSDL（Web Services Description Language，Web 服务描述语言）是描述协助 Web 服务提供者和 Web 服务消费者之间交互的网络服务标准。WSDL 是一个基于 XML 的语言，用于描述 Web 服务及其函数、参数和返回值，是介绍 Web 服务的标准格式。因为是基于 XML 的，所以 WSDL 既是机器可阅读的，又是人可阅读的。

WSDL 标准化了描述一组通信端点的 XML 元素。WSDL 定义了使用 7 个 XML 元素的网络服务。它们是类型（Type）、消息（Message）、操作（Operation）、端口类型（Port Type）、绑定端口（Binding）、端口（Port）和服务（Service）。

（1）WSDL 文档：WSDL 文档应该组织到 3 个文档中，这样就可以容易地维护并在需要时重复使用，第 1 个文档包括数据类型定义，第 2 个文档包括抽象定义，第 3 个文档标识服务绑定。

（2）类型元素：使用某种语法的数据类型定义，如采用 XML 模式的关于 string、int 等数据类型的定义。

（3）消息元素：用来描述要传递的数据。标识 WSDL 文档的正文并分为多部分，其中每部分都由一个可扩展的消息属性标识。name 属性是代表消息的唯一名称，element 属性标识消息，type 属性可以取 simpleType 或 complexType，part 标识消息。

（4）操作元素：用来抽象描述 Web 服务所支持的操作。

（5）端口类型元素：用于描述抽象操作和消息。端口类型使用端点支持的 4 种传输基元之一，即单向传输基元、请求-响应传输基元、恳求-响应传输基元、通知传输基元。

（6）绑定端口元素：定义端口类型元素中引用的协议和消息的格式。

（7）端口元素：绑定和网络地址的组合。

（8）服务元素：相关端点的集合，包括其关联的接口、操作、消息等。

2. WSDL 和 SOAP

WSDL 可以用于描述在 SOAP 中使用的网络服务。

SOAP 单向传输基元：SOAP 单向传输基元在设计上类似于 WSDL 中的单向传输基元，只包含一个输入操作而没有输出操作。

SOAP 请求-响应传输基元：SOAP 请求-响应传输基元与 WSDL 中的请求-响应传输基元相似。

SOAP 绑定元素：soap:binding 表示 WSDL 文档绑定到 SOAP 1.1。它包含 2 个属性：style 和 transport。

SOAP 操作元素：soap:operation 提供有关操作的信息。它包含 2 个属性：style 和 soapAction。

SOAP 正文元素：soap:body 定义 SOAP 正文元素中消息部分的组织，并且提供有关消息部分组装方式的信息。消息部分分为两类：抽象类型定义和具体架构定义。它包含 4 个属性：parts、use、encodingStyle 和 namespace。

SOAP 错误元素：soap:fault 定义了错误细节。它包含 4 个属性：name、use、encodingStyle 和 namespace。

SOAP 头元素：soap:header 和 soap:headerfault 定义了 SOAP 信封中的 Header 元素。它包含 5 个属性：message、parts、use、encodingStyle 和 namespace。

SOAP 地址元素：soap:address 用于标示绑定 SOAP 消息的地址。它包含 1 个属性：location。

3. WSDL 和 HTTP 绑定

WSDL 也可以绑定 HTTP。WSDL 包含用 GET 和 POST 绑定 Web 站点的规范，这里的 GET 和 POST 是 HTTP 1.1 中规定的。

4. WSDL 和 MIME 绑定

WSDL 也可以绑定 MIME。支持标记 mime:part、mime:content、mime:multipartRelated 等。

MIME（Multipurpose Internet Mail Extensions，多用途互联网邮件扩展）是一种多用途互联网邮件技术规范，1992 年最早应用于电子邮件系统，后来也应用于浏览器。

MIME 类型就是设定某种扩展名的文件用一种应用程序来打开的方式类型，当该扩展名文件被访问时，浏览器会自动使用指定的应用程序来打开，多用于指定一些客户端自定义的文件名，以及一些媒体文件打开方式。

MIME 能够支持非 ASCII 字符、二进制格式附件等多种格式的邮件消息。

6.3 用 JAX-WS 构建 Web 服务

6.3.1 JAX-WS 简述

JAX-WS 规范是用 XML 通信建立 Web 服务和客户端的技术，是一组 XML 格式的 Web 服务的 Java API，在 JAX-WS 中，一个远程调用可以转换为一个基于 XML 的如 SOAP 这样的协议。在使用 JAX-WS 的过程中，开发者不需要编写任何生成和处理 SOAP 消息的代码，JAX-WS 的运行时实现会将这些 API 的调用转换成为对应的 SOAP 消息。

在服务器端，用户只需通过 Java 语言定义远程调用所需要实现的 SEI（Service Endpoint Interface 或 Service Endpoint Implementation，服务末端接口或服务末端实现），并提供相关的实现，通过调用 JAX-WS 的服务发布接口就可以将其发布为 Web 服务接口。在客户端，用户可以通过 JAX-WS 的 API 创建一个代理（用本地对象来替代远程的服务）来实现对于远程服务器端的调用。JAX-WS 也提供了一组针对底层消息进行操作的 API 调用，可以通过 Dispatch 直接使用 SOAP 消息或 XML 消息发送请求，或者使用 Provider 处理 SOAP 或 XML 消息。通过 Web 服务所提供的互操作环境，用户可以用 JAX-WS 轻松实现 Java 平台与如.NET 等其他编程环境的互操作。

6.3.2 用 JAX-WS 生成一个简单的 Web 服务

开发一个 JAX-WS Web 服务，首先要定义一个用@WebService 元注释标注的 Java 类，元注释注明这个类是 Web 服务末端（endpoint）。SEI 是 Java 接口或类，各自声明客户端在服务中可以调用的方法。在建立末端时接口并不是必需的，服务实现类隐含地定义一个 SEI。也可以通过在末端实现类的@WebService 元注释中添加 endpointInterface 元素的方法定义一个明确的接口，这样则必须随后给出这个接口，其中定义在末端实现类中实现的公有方法。

对于末端实现类的要求可以归纳为以下几点。

（1）末端实现类必须用@WebService 元注释或@WebServiceProvider 元注释标明。

（2）在末端实现类中定义的业务方法必须被定义为“public”方法，并且不能是“static”方法和“final”方法。

（3）向 Web 服务客户端公开的业务方法必须用@WebMethod 元注释标注。

（4）向 Web 服务客户端公开的业务方法必须有 JAXB 相容的参数和返回类型。

（5）末端实现类不能被声明为“final”型，不能被声明为“abstract”型。

（6）末端实现类必须有默认的公用构造方法。

（7）末端实现类不能定义 finalize 方法。

（8）末端实现类可以在其方法上使用@PostConstruct 元注释和@PreDestroy 元注释，作为生命周期回调方法。这两个方法都由容器调用，前者是在实现类开始回应 Web 服务客户端之前，后者是在末端被从操作中删除之前。

下面的例子按照上面的各项要求实现了一个简单的 Web 服务末端实现类 Hello，其中的 sayHello 方法使用@WebMethod 元注释标注，说明它是一个向 Web 服务客户端公开的业务方法，其功能是向客户端返回一个问候。这个类中还定义了一个默认的公有型无参构造方法，如程序清单 6.6 所示。

程序清单 6.6

```
package helloservice.endpoint;

import javax.jws.WebService;
import javax.jws.WebMethod;

@WebService
public class Hello {
    private String message = new String("Hello, ");

    public void Hello() {
    }

    @WebMethod
    public String sayHello(String name) {
        return message + name + ".";
    }
}
```

@WebService 元注释、@WebServiceProvider 元注释和@WebMethod 元注释都定义在 javax.jws 包中。

编写完末端实现类后，还有 3 件事情需要完成：编译实现类、将全部文件打包成一个 WAR 文件、部署 WAR 文件。

定义了一个这样的 Web 服务后，就可以用符合要求的方式访问公开的业务方法 sayHello 方法了。

6.3.3 一个简单的 JAX-WS Application 客户端

下面给出的是一个标准的 Application 程序，它作为由 Hello 类创建的 Web 服务的客户端，具备访问 sayHello 方法的能力。这个访问是通过端口和作为远程服务代理的本地对象实例实现的，如程序清单 6.7 所示。

程序清单 6.7

```
package appclient;

import helloservice.endpoint.HelloService;
import javax.xml.ws.WebServiceRef;

public class HelloAppClient {
    @WebServiceRef(wsdlLocation =
        "META-INF/wsdl/localhost_8080/helloservice/HelloService.wsdl")
    private static HelloService service;
    /**
     * @param args the command line arguments
     */

    public static void main(String[] args) {
        System.out.println(sayHello("world"));
    }

    private static String sayHello(java.lang.String arg0) {
        helloservice.endpoint.Hello port = service.getHelloPort();
        return port.sayHello(arg0);
    }
}
```

在上面的程序代码中，代理和端口号是通过调用 getHelloPort 方法获取的，对公开的业务方法 sayHello 方法的访问则是通过对象 port 实现的。

这个客户端程序在编写完成后，也需要像一般的 Application 程序一样，经过常规的编译运行步骤。

6.3.4 一个简单的 JAX-WS Web 客户端

还可以通过创建 Web 客户端实现对 Web 服务应用程序的访问。

下面的例子是一个 Servlet 程序，此时作为一个访问 Web 服务应用程序的客户端程序出现。如同 Application 程序一样，它也是通过 port 实现对公开的业务方法 sayHello 方法的访问的，如程序清单 6.8 所示。

程序清单 6.8

```
package webclient;

import helloservice.endpoint.HelloService;
import java.io.IOException;
import java.io.PrintWriter;
import javax.servlet.ServletException;
import javax.servlet.annotation.WebServlet;
import javax.servlet.http.HttpServlet;
import javax.servlet.http.HttpServletRequest;
import javax.servlet.http.HttpServletResponse;
import javax.xml.ws.WebServiceRef;

@WebServlet(name="HelloServlet", urlPatterns={"/HelloServlet"})
public class HelloServlet extends HttpServlet {
    @WebServiceRef(wsdlLocation =
        "WEB-INF/wsdl/localhost_8080/helloservice/HelloService.wsdl")
    private HelloService service;

    /**
     * Processes requests for both HTTP <code>GET</code>
     * and <code>POST</code> methods.
     * @param request servlet request
     * @param response servlet response
     * @throws ServletException if a servlet-specific error occurs
     * @throws IOException if an I/O error occurs
     */
    protected void processRequest(HttpServletRequest request,
        HttpServletResponse response)
    throws ServletException, IOException {
        response.setContentType("text/html;charset=UTF-8");
        PrintWriter out = response.getWriter();
        try {

            out.println("<html>");
            out.println("<head>");
            out.println("<title>Servlet HelloServlet</title>");
            out.println("</head>");
            out.println("<body>");
            out.println("<h1>Servlet HelloServlet at " +
                request.getContextPath () + "</h1>");
            out.println("<p>" + sayHello("world") + "</p>");
            out.println("</body>");
            out.println("</html>");
```

```
            } finally {
                out.close();
            }
        }

        // doGet and doPost methods, which call processRequest, and
        // getServletInfo method

        private String sayHello(java.lang.String arg0) {
            helloservice.endpoint.Hello port = service.getHelloPort();
            return port.sayHello(arg0);
        }
    }
```

这个 Servlet 程序需要经过编译、创建实例、初始化等一切必要的步骤，才能进入使用阶段。

6.4 用 JAX-RS 构建 RESTful Web 服务

6.4.1 什么是 RESTful Web 服务

REST 是一种典型的 Client/Server 架构，被设计成使用如 HTTP 这种无状态的通信协议，但强调瘦服务器端，服务器端只应处理和数据有关的操作，所有有关显示的工作都应放在客户端。由于在 REST 架构中，服务器是无状态的，即服务器不会保存任何与客户端的会话状态信息，所有的状态信息只能放在双方沟通的消息中，从客户端到服务器的每个请求都必须包含理解请求所必需的信息。如果服务器在请求之间的任何时间点重启，客户端不会得到通知。

REST 架构约定如下。

（1）应用程序状态和功能等网络上所有事物都被认为是资源。

（2）每个资源对应唯一的资源标识 URI（Universal Resource Identifier，统一资源标识符）。

（3）所有资源都共享统一的界面，以便在客户端和服务器之间传输状态，使用的是标准的 HTTP 方法，如 GET、PUT、POST 和 DELETE。

（4）对资源的操作不会改变资源标识，所有的操作都是无状态的。

当 REST 架构的约束条件作为一个整体应用时，将生成一个可以扩展到大量客户端的应用程序。REST 简化了客户端和服务器的实现，很好地降低了开发的复杂性，提高了系统可伸缩性和开发效率。REST 还降低了客户端和服务器之间的交互延迟。统一界面简化了整个系统架构，改进了子系统之间交互的可见性。

由于轻量级及通过 HTTP 直接传输数据的特性，Web 服务的 RESTful 方法已经成为常见的替代基于 SOAP 的方法。RESTful Web 服务可以使用如 Java、Perl、Ruby、Python、PHP 等各种语言实现客户端。RESTful Web 服务通常可以通过自动客户端或代表用户的应用程序访问。

6.4.2 用 JAX-RS 开发 RESTful Web 服务

JAX-RS 是 Java 程序设计语言 API，使得用 REST 架构开发应用更容易。JAX-RS 用 Java 语言元注释简化 RESTful Web 服务的开发，开发者使用 JAX-RS 元注释装饰 Java 语言类文件来定义资源和作用于资源上的行为。JAX-RS 元注释是运行时元注释，因此，运行时映像会产生资源的辅助类和构件。

下面的例子是一个简单的 RESTful Web 服务的程序代码，如程序清单 6.9 所示。

程序清单 6.9

```
import javax.ws.rs.core.Context;
import javax.ws.rs.core.UriInfo;
import javax.ws.rs.PathParam;
import javax.ws.rs.Consumes;
import javax.ws.rs.PUT;
import javax.ws.rs.Path;
import javax.ws.rs.GET;
import javax.ws.rs.Produces;

// REST Web Service
@Path("helloworld")
public class HelloWorld {
    @Context
    private UriInfo context;

    /** Creates a new instance of HelloWorld */
    public HelloWorld() {
    }

    @GET
    @Produces("text/html")
    public String getHtml() {
        return  "<html  lang=\"en\"><body><h1>Hello,  World!!</h1></body></
html>";
    }

    @PUT
    @Consumes("text/html")
    public void putHtml(String content) {
    }
}
```

在 JAX-RS API 中，定义了很多编写 Java 程序时要用到的元注释，主要存放在 javax.ws.rs 包中，可以通过查询相关的 API 文档了解详细内容。上面的程序中使用了若干个 JAX-RS 元注释，简单讲解如下。

@Path 元注释的值是一个相对的 URI 路径，表明程序中的类将以这个路径起作用，如程序中的语句表明所定义的 Java 类将在“/helloworld”路径下起作用。@Path 元注释的值也可以是变量，称为 Path 变量。@Path 元注释要放在类名之前。

@GET 元注释、@PUT 元注释、@POST 元注释、@DELETE 元注释、@HEAD 元注释等是请求方法指示符，相当于 HTTP 方法，用这种请求方法指示符注释的 Java 方法将分别处理 HTTP GET 请求、HTTP PUT 请求、HTTP POST 请求、HTTP DELETE 请求、HTTP HEAD 请求，资源的行为是由资源响应的 HTTP 方法决定的。

@Produces 元注释定义一个资源类的方法所能够提供的回传给客户端的媒体类型。在本例中，getHtml 方法将生产出“text/html”类型的媒体内容。

@Consumes 元注释定义一个资源类的方法所能够接收的由客户端送来的媒体类型。在本例中，putHtml 方法将消费“text/html”类型的媒体内容。

@Context 元注释用来向类域、bean 属性或方法参数中注入信息。

本章涉及的 API：

javax.jws 包中定义的与 Java Web 服务有关的 API；

javax.jws.soap 包中和 javax.xml.soap 包中定义的与 SOAP 有关的 API；

javax.ws.rs 包中定义的与 JAX-RS 有关的 API。

第7章　安全性

本章主要内容：安全性是Java EE应用系统必须面对的一个重要问题，在运行中如何保护资源，避免恶意侵犯始终贯穿在应用系统中。本章简要讨论安全性的基本概念、安全性的特征、应用程序安全性的特色、安全机制等，介绍两种基本的安全机制，介绍领地、用户、组群和角色等几个安全性概念，并简单介绍 Web 应用和企业应用的安全措施和实现，给出Web应用安全的例子和企业应用安全的例子。

建议讲授课时数：2课时。

7.1　安全性概述

7.1.1　Java EE 安全性概述

1. 安全性对于 Java EE 应用系统的重要性

Java EE平台在企业级服务和电子商务领域中的使用日益广泛，对于Java EE平台的安全性要求日益提高。保证Java EE平台的安全性，应用认证技术（如身份认证和授权）是一个关键因素，很多应用系统都离不开身份认证和授权。

对于一个Java EE应用系统而言，企业层和Web层应用都是由部署到一系列容器里的组件（包括表现组件和业务逻辑组件）构成的，组件以Java EE平台所要求的方式结合在一起形成了多层企业应用，组件的安全是由容器提供的，容器提供两种安全：声明性安全和编程性安全。

声明性安全使用部署描述符或元注释来表达应用组件的安全需求。部署描述符是一个表达了应用系统安全结构的XML文档，其中包括安全规则、访问控制、认证要求等内容。元注释定义了类中的安全信息，其中所包含的内容部署到应用中或被应用所使用，或者被应用的部署描述符所覆盖。元注释是从Java EE 5开始引入到系统开发过程中的，程序员可以以在代码中写元注释的方式来替代写部署描述符XML文档，在一定程度上方便了开发。

编程性安全嵌入到应用中，用于做出安全决定。编程性安全往往用于声明性安全不能充分表达应用的安全模式。

2. 安全机制的特征

正确实施的安全机制将提供以下功能：阻止未被授权的对于应用功能、业务或个人数据的访问；保持系统用户对于其实施的操作负有责任；保护系统远离服务中断和其他影响服务质量的破坏。

正确实施的安全机制是易于管理的，也将会对系统用户透明，更使得跨应用程序和企业边界互操作成为可能。

3. 应用程序安全性的特色

应用程序安全性有助于减少企业所面临的安全威胁，其特色如下。

- 认证（Authentication）：指通过类客户端和服务器这样的实体的交流，能够互相证明他们是代表授权访问的具体身份。这确保了用户的身份与所述相符。
- 授权（Authorization）：或称访问控制，是指与资源交互的用户和程序是有限的集合，以完整性、机密性和有效性为目的。这确保了用户被准许实施操作和访问数据。
- 数据完整性（Data Integrity）：指数据没有被第三方或数据源之外的实体更改过。这确保了只有被认证的用户使用了数据。
- 机密性（Confidentiality）：或称数据私密，是指数据信息仅对被认证的用户有效。这确保了敏感数据仅可让认证用户看到。
- 无拒绝（Non-repudiation）：指实施过某些动作的用户不能合理地否认做过这些动作。这确保了事务能够被证明发生过。
- 服务质量（Quality of Service）：指用各种技术为选定的网络提供更好的服务。
- 审核（Auditing）：指用于捕获一个安全相关事件的防篡改记录，其目的是能够评价安全策略和机制的效果。为了确保这一目标，系统维护事务和安全信息的记录。

Java EE 应用由包含了被保护和不被保护的资源构件组成。在一般情况下，需要保护的资源确保有资格的用户访问。授权（Authorization）提供了控制访问给受保护资源。授权基于识别和认证，识别（Identification）是系统辨别实体的过程，认证（Authentication）是证实用户、设备和其他计算机系统中实体身份的过程。这通常是允许访问资源的先决条件。

授权和认证对于访问不受保护资源的实体来说是不要求的，访问无须认证的资源可以参照无认证或匿名访问。

7.1.2 安全机制

Java EE 提供了 Java SE 安全机制和 Java EE 安全机制，它们单独或结合使用，为 Java EE 应用系统提供了一个保护层。

1. Java SE 安全机制

Java SE 安全机制由以下五部分组成。

- Java 认证和授权服务（Java Authentication and Authorization Service，JAAS）。
- Java 通用安全服务（Java Generic Security Services，Java GSS-API）。
- Java 加密扩展（Java Cryptography Extension，JCE）。
- Java 安全的套接字扩展（Java Secure Sockets Extension，JSSE）。
- 简单认证和安全层（Simple Authentication and Security Layer，SASL）。

此外，Java SE 还提供了一套工具管理密钥库、证书和策略文件，生成和证实 JAR 签名，获得、列表和管理 Kerberos 网络认证协议票证。

2. Java EE 安全机制

Java EE 安全服务由组件容器提供，可以通过使用声明性或编程技术性技术实现。Java EE 安全服务提供了一个稳固和易于配置的安全机制，在不同层次对用户进行身份验证，授权访问应用的功能和相关数据。Java EE 安全服务是独立于操作系统的安全机制。

应用层安全。Java EE 的组件容器负责提供应用层安全，为某个应用类型的安全服务要根据应用的需要调整。在应用层，应用防火墙可用来增强应用保护，保护通信流和相关应用资源远离攻击。Java EE 安全性很容易实现和配置，并且可以提供给应用功能和数据细粒度的访问控制。然而，由于固有的在应用层应用的安全性，故安全性能不转移至其他环境中运行的应用程序，并且只有存在于应用环境中才能保护数据。

传输层安全。传输层安全由用于在提供者和客户端之间通过导线传输信息的传输机制提供，这样，传输层安全依赖于使用安全套接字层（Secure Sockets Layer，SSL）的 HTTP 传输的安全。传输安全是一个可用于认证、消息完整性、机密性的点对点安全机制。当服务器和客户端通过 SSL 保护会话运行时，可以相互验证并在应用协议发送或接收数据的第一个字节前协商加密算法和密钥。安全性在数据离开客户端或应用到达目的地前一直保持活跃，到达目的地后就不再保护了，解决办法是在传输之前将数据加密成消息。

消息层安全。在消息层安全中，安全信息包含在 SOAP 消息或 SOAP 消息附件中，允许安全信息与消息和消息附件一起传递。如果将信息部分加密，则加密部分在传输过程中只可被预订接收者解密，对于中间节点是不透明的。出于这个原因，消息层安全有时也称为端对端安全。

7.1.3 安全容器

在 Java EE 中，组件容器负责提供应用安全，基本的方式是声明性安全和编程性安全。

元注释的使用使得程序员可以在程序代码中直接完成声明，形成了一种“声明式的”编程风格，所以元注释同时包含了声明性安全和编程性安全。程序员在程序代码中用元注释所编写的安全信息可以在应用部署到 GlassFish 等服务器中之后被使用。当然，元注释还不能定义所有的安全信息，有些信息还必须靠部署描述符。

使用部署描述符，声明性安全能够表达应用组件的安全需求。由于部署描述符信息是声明性的，它是可以改变的，而无须修改源代码。在运行时，服务器读取部署描述符，作用于相应的应用、单元、组件等。如果没有在元注释中提供且还不是默认的，则部署描述符必须提供每个组件的结构信息。

编程性安全被嵌入到应用程序编程安全中并用作安全决策。当声明性安全不足以表达一个应用程序的安全模式时，编程性安全就成为十分有用的方式。为编程性安全提供的 API 中包含 EJBContext 接口和 HttpServletRequest 接口，其中的方法允许组件根据调用者和远程用户的安全角色制定业务逻辑决策。

7.1.4 领地、用户、组群和角色

下面介绍几个安全性概念。

领地（Realm）是为 Web 服务器或应用服务器定义的安全策略域。一个领地包含了能否分配到某个组群的用户的集合。对于 Web 应用而言，领地是一个被识别为 Web 应用的有效用户的用户和组群的完整数据库，或者一个 Web 应用和由同样的身份认证策略控制的集合。

Java EE 服务器的认证服务可以通过多种领地统管用户：文件领地、管理领地、证书领

地等。在文件领地中，服务器在一个名为 keyfile 的文件中保存用户证书，可以通过管理员控制台用文件领地管理用户。当使用文件领地时，服务器认证服务通过检查文件领地证实用户身份，这种领地用来认证除使用 HTTP 的 Web 浏览器客户端外的所有客户端。在证书领地，服务器在证书数据库中保存用户证书。当使用证书领地时，服务器使用证书认证 Web 客户端。在证书领地中证实一个用户的身份，认证服务证实 X.509 证书。

用户（User）是一个由个人或 GlassFish 服务器定义的应用程序身份。在 Web 应用程序中，用户可以关联一个角色集合，使得这些用户有资格访问由角色保护的资源。用户也可以关联组群。

Java EE 用户与操作系统的用户有些相像，都体现为人。但两者并不相同，Java EE 用户认证服务并不与操作系统安全机制相连，两者是不同的领地。

组群（Group）是认证的用户的集合。组群是用户的分类，将用户分为组群对于控制大量用户访问是容易的事情。

角色（Role）是一个准许访问特定的应用系统资源集合的抽象名字，角色好比是开锁的钥匙，很多人可以有同一把钥匙的复制品，锁不关心你是谁，只看是否是正确的钥匙。因此，多个用户可以是同一个角色。

7.2 Web 应用安全的例子

Web 应用可以通过 Internet 或 Intranet 这样的网络用网络浏览器访问。在 Java EE 平台中，使用分布式多层应用模式，Web 应用运行在 Web 层。

7.2.1 一个声明性安全的例子

下面是一个在部署描述符中定义认证机制的 JavaServer Faces 应用的例子。本例的功能是当用户登录应用系统时，确认用户的身份是否允许访问资源，是一个基于表单的登录机制。这个例子解释了 JavaServer Faces 应用程序如何使用基于表单的身份验证。使用基于表单的身份验证，用户可以自定义向 Web 客户端显示登录屏幕和错误页面，以验证用户名和密码。当用户提交其名称和密码时，服务器将确定用户名和密码是否为授权用户，如果是，则发送请求的 Web 资源。

1. 生成登录表单和错误页面

登录表单是一个包含让用户输入名字和密码表单的 HTML 页面，其中要有接收用户输入的姓名和密码的单元，这样的功能也可以用 Servlet 程序来实现；错误页面是当用户登录失败时要显示的页面。

登录页面 login.xhtml 的完整代码如程序清单 7.1 所示。

程序清单 7.1

```
<?xml version='1.0' encoding='UTF-8' ?>
<!DOCTYPE html PUBLIC "-//W3C//DTD XHTML 1.0 Transitional//EN"
    "http://www.w3.org/TR/xhtml1/DTD/xhtml1-transitional.dtd">
```

```
<html xmlns="http://www.w3.org/1999/xhtml"
      xmlns:h="http://xmlns.jcp.org/jsf/html"
      xmlns:f="http://xmlns.jcp.org/jsf/core">
    <head>
        <title>登录表单</title>
    </head>
    <body>
        <h2>你好，请登录！</h2>
        <form name="loginForm" method="post" action="j_security_check">
            <p><strong><label for="username">请输入你的用户名：</label> </strong>
                <input id="username" type="text" name="j_username" size="25"/>
</p>
            <p><strong><label for="password">请输入你的密码：</label></strong>
                <input  id="password"  type="password"  size="15"  name="j_
password"/></p>
            <p>
                <input type="submit" value="Submit"/>
                <input type="reset" value="Reset"/></p>
        </form>
    </body>
</html>
```

错误页面 error.xhtml 的完整代码如程序清单 7.2 所示。

程序清单 7.2

```
<?xml version='1.0' encoding='UTF-8' ?>
<!DOCTYPE html PUBLIC "-//W3C//DTD XHTML 1.0 Transitional//EN"
    "http://www.w3.org/TR/xhtml1/DTD/xhtml1-transitional.dtd">
<html xmlns="http://www.w3.org/1999/xhtml"
      xmlns:h="http://xmlns.jcp.org/jsf/html"
      xmlns:f="http://xmlns.jcp.org/jsf/core">
    <head>
        <title>登录错误</title>
    </head>
    <body>
        <h2>用户名或密码错误！</h2>
        <p>Please enter a user name or password that is authorized to access
            this application. For this application, this means a user that
            has been created in the <code>file</code> realm and has been
            assigned to the <em>group</em> of <code>TutorialUser</code>.</p>
        <p><a href="login.html">Return to login page</a></p>
    </body>
</html>
```

2. 定义部署描述符文件

部署描述符文件 web.xml 中与登录功能有关的代码片段如程序清单 7.3 所示。

程序清单 7.3

```
<security-constraint>
    <display-name>Constraint1</display-name>
    <web-resource-collection>
        <web-resource-name>wrcoll</web-resource-name>
        <description/>
        <url-pattern>/*</url-pattern>
    </web-resource-collection>
    <auth-constraint>
        <description/>
        <role-name>TutorialUser</role-name>
    </auth-constraint>
</security-constraint>

<login-config>
    <auth-method>FORM</auth-method>
    <realm-name>file</realm-name>
    <form-login-config>
        <form-login-page>/login.xhtml</form-login-page>
        <form-error-page>/error.xhtml</form-error-page>
    </form-login-config>
</login-config>
```

在部署描述符文件中要定义安全机制，需要通过“login-config”节点来说明，其中含有以下几个子节点：“auth-method”子节点配置 Web 应用的认证机制；“realm-name”子节点指明领地名；“form-login-config”子节点指定登录页面和错误页面。

从这个例子中可以看出，例子定义了一个认证方法为表单，领地类型为文件领地的认证机制。

7.2.2 一个编程性安全的例子

下面是一个用 Servlet 程序实现用户身份认证的例子，其功能与前一个例子相近。Servlet 程序的完整代码如程序清单 7.4 所示。

程序清单 7.4

```
import java.io.IOException;
import java.io.PrintWriter;
import java.math.BigDecimal;
import javax.ejb.EJB;
import javax.servlet.ServletException;
```

```
import javax.servlet.annotation.WebServlet;
import javax.servlet.http.HttpServlet;
import javax.servlet.http.HttpServletRequest;
import javax.servlet.http.HttpServletResponse;

@WebServlet(name="TutorialServlet", urlPatterns={"/TutorialServlet"})
public class TutorialServlet extends HttpServlet {
    @EJB
    private ConverterBean converterBean;

    /**
     * Processes requests for both HTTP <code>GET</code>
     * and <code>POST</code> methods.
     * @param request servlet request
     * @param response servlet response
     * @throws ServletException if a servlet-specific error occurs
     * @throws IOException if an I/O error occurs
     */
    protected void processRequest(HttpServletRequest request,
            HttpServletResponse response)
    throws ServletException, IOException {
        response.setContentType("text/html;charset=UTF-8");
        PrintWriter out = response.getWriter();
        try {
            out.println("<html>");
            out.println("<head>");
            out.println("<title>Servlet TutorialServlet</title>");
            out.println("</head>");
            out.println("<body>");
            request.login("TutorialUser", "TutorialUser");
            BigDecimal result =
                converterBean.dollarToYen(new BigDecimal("1.0"));
            out.println("<h1>Servlet TutorialServlet result of dollarToYen= "
                + result + "</h1>");
            out.println("</body>");
            out.println("</html>");
        } catch (Exception e) {
            throw new ServletException(e);
        } finally {
            request.logout();
            out.close();
        }
    }
}
```

这个程序实现的用户身份认证功能使用了 HttpServletRequest 接口的 login 方法完成，这个方法的作用就是利用 Web 容器登录机制所使用的密码验证及领地验证所提供的用户名和密码。另外，程序中还调用了 logout 方法，这个方法也是 HttpServletRequest 接口的方法，它允许应用程序重置 request 请求呼叫者的身份。在 HttpServletRequest 接口中，还有一个 authenticate 方法，它也是与认证有关的方法。

7.3 企业应用安全的例子

7.3.1 一个声明性安全的例子

下面的例子采用元注释的方法，对程序清单 4.2 中给出的名为 CartBean 的有状态会话 Bean 的使用用户做了限制。程序中使用了@DeclareRoles 元注释为这个有状态会话 Bean 声明了角色，在相应的方法前面使用了@RolesAllowed 元注释，指定了角色用户可访问的方法，从而完成了对这个有状态会话 Bean 所在的企业应用的安全性改造。

具体的代码如程序清单 7.5 所示。

程序清单 7.5

```
import java.io.Serializable;
import java.util.ArrayList;
import java.util.List;
import javaeetutorial.cart.util.BookException;
import javaeetutorial.cart.util.IdVerifier;
import javax.ejb.Remove;
import javax.ejb.Stateful;
import javax.annotation.security.DeclareRoles;
import javax.annotation.security.RolesAllowed;

@Stateful
@DeclareRoles("TutorialUser")
public class CartBean implements Cart {
    List<String> contents;
    String customerId;
    String customerName;

    @Override
    public void initialize(String person) throws BookException {
        if (person == null) {
            throw new BookException("Null person not allowed.");
        } else {
            customerName = person;
        }
        customerId = "0";
        contents = new ArrayList<String>();
    }
```

```
    @Override
    public void initialize(String person, String id) throws BookException {
        if (person == null) {
            throw new BookException("Null person not allowed.");
        } else {
            customerName = person;
        }
        IdVerifier idChecker = new IdVerifier();
        if (idChecker.validate(id)) {
            customerId = id;
        } else {
            throw new BookException("Invalid id: " + id);
        }
        contents = new ArrayList<String>();
    }

    @Override
    @RolesAllowed("TutorialUser")
    public void addBook(String title) {
        contents.add(title);
    }

    @Override
    @RolesAllowed("TutorialUser")
    public void removeBook(String title) throws BookException {
        boolean result = contents.remove(title);
        if (result == false) {
            throw new BookException("\"" + title + "\" not in cart.");
        }
    }

    @Override
    @RolesAllowed("TutorialUser")
    public List<String> getContents() {
        return contents;
    }

    @Override
    @Remove()
    @RolesAllowed("TutorialUser")
    public void remove() {
        contents = null;
    }
}
```

7.3.2 一个编程性安全的例子

下面的例子是将程序清单 4.6 中定义的无状态会话 Bean 类做了改造，添加了元注释，并且给方法添加了 if-else 判断结构，实现了限制 Bean 的用户具有“TutorialUser”角色的功能。如果用户是具有“TutorialUser”角色的，则正常输出计算结果，否则输出“0.0”。具体代码如程序清单 7.6 所示。

程序清单 7.6

```
import java.math.BigDecimal;
import javax.ejb.Stateless;
import javax.annotation.Resource;
import javax.ejb.SessionContext;
import javax.annotation.security.DeclareRoles;
import javax.annotation.security.RolesAllowed;

@Stateless()
@DeclareRoles("TutorialUser")
@LocalBean
public class PremiumRateBean {

    @RolesAllowed("TutorialUser")
    public int PremiumRateCalcurate(int age, boolean haveSocialInsurance)
    {
        if (ctx.isCallerInRole("TutorialUser")) {
            if( age >= 0 & age <= 5 )
                return (haveSocialInsurance?933:2002);
            if( age >= 6 & age <= 10 )
                return (haveSocialInsurance?755:673);
            if( age >= 11 & age <= 15 )
                return (haveSocialInsurance?277:510);
            if( age >= 16 & age <= 20 )
                return (haveSocialInsurance?166:336);
        } else {
            return 0.0;
        }
    }
}
```

在完成了对 ConverterBean 的改造后，还要将程序清单 4.7 中定义的作为客户端的 PremiumRateServlet 做出相应的改造，将类头的元注释修改为：

```
@WebServlet(name = "PremiumRateServlet", urlPatterns = {"/"})
@ServletSecurity(
```

```
@HttpConstraint(transportGuarantee = TransportGuarantee.CONFIDENTIAL,
rolesAllowed = {"TutorialUser"}))
```

这样就实现了编程性安全。

本章涉及的 API：

javax.annotation.security 包中定义的与安全性有关的接口和类；

javax.servlet.annotation 包中的@ ServletSecurity 元注释、@ HttpConstraint 元注释。

第8章　Java EE 支持技术

本章主要内容：Java 消息服务和 Java EE 拦截器是 Java EE 中包含的技术，这些技术允许应用程序以统一的方式访问更广泛的服务。本章简单介绍 Java 消息服务和 Java EE 拦截器技术。

建议讲授课时数：2 课时。

8.1　消息服务

8.1.1　消息服务的概念

1. 消息与消息服务

消息是软件组件与应用系统之间的一个通信方法，一个消息客户端可以发送消息到另一个客户端，也可从另一个客户端接收消息。消息可以实现分布式松耦合通信，从消息的发送方向消息的接收方发送一个消息，接收方回复一个消息给发送方，发送方和接收方可以不同时在线通信。事实上，发送方甚至不需要知道关于接收方的任何事情，接收方也不必了解发送方，双方只需了解消息的格式和目的地。由此，消息与那些紧耦合的技术如 RMI 等存在明显差异。另外，消息仅用于软件应用程序、软件组件之间。

Java 消息服务（Java Message Service，JMS）是一种在分布式应用之间提供消息传递服务的系统，其实现过程是通过封装发送者和接收者之间传递的消息，并且在与分布式客户端程序交互的位置上添加了一个软件处理层。Java 消息服务是一个 Java API，向 Java 用户提供了一整套程序设计实现方法，允许用户生成、发送、接收和阅读消息。Java 消息服务 API 定义了一套通用的接口和相关语义，允许程序用 Java 编程语言与另一个消息之间实现通信。

除松耦合的特点外，Java 消息服务 API 还可实现异步通信，并且可以确保消息递送一次且仅递送一次。

2. JMS 消息的传递方式

消息服务通过消息队列服务器实现消息的传递，可以选择暂存和持久保存。消息暂存是可靠性比较低的一种方式，当消息服务器发生崩溃时，所有的消息将丢失。持久保存可以将消息保存到存储介质上。

3. 消息服务的种类

JMS 提供了两种类型的消息服务：点对点（Point-to-Point，PTP）的消息服务与发布/订阅（Publish/Subscribe，Pub/Sub）的消息服务。

点对点的消息服务通过一个消息队列（Queue）实现，这个消息队列可以同时有多个发送者，每个发送者可以自由地向当前队列发送消息，每个消息只能有一个接收者。被发送的消息按照先发先进的原则依次排列在队列中。发送者与接收者之间不存在时间上的依赖关系，即点对点的消息服务可以同步接收，也可以异步接收。

发布/订阅的消息服务把消息发送给一个主题（Topic），消息服务器将消息发布给每个订阅该主题的接收者。

4. Java EE 平台上的 JMS

在 Java EE 平台上，JMS API 有以下特征。

（1）应用程序客户端、企业 Bean 组件、Web 组件之间可以发送和同步接收 JMS 消息；应用程序客户端可以异步接收 JMS 消息。Applet 不要求支持 JMS API。

（2）消息驱动 Bean，企业 Bean 的一种，可以异步消费消息，JMS 消息提供者可以选择利用消息驱动 Bean 实现消息的异步处理。

（3）消息发送和接收还可以参与分布式事务，允许 JMS 操作和数据库访问发生在同一个事务中。

8.1.2 JMS API

所有 JMS API 的内容都存储在 javax.jms 包中，主要包括以下几部分。

- JMS 连接工厂
- JMS 目的地
- JMS 连接
- JMS 会话
- JMS 消息生产者
- JMS 消息消费者
- JMS 消息监听器
- JMS 消息
- JMS 队列浏览器
- JMS 异常处理

1. JMS 连接工厂

JMS 连接工厂包括 ConnectionFactory 接口、QueueConnectionFactory 接口和 TopicConnectionFactory 接口，一个 ConnectionFactory 对象概括了一组连接配置参数，用户使用 ConnectionFactory 对象生成一个与消息提供者的连接。在 JMS 客户端程序中，经常会看到类似于下面的语句位于程序的开头部分，向一个 ConnectionFactory 对象注入连接工厂资源。

```
@Resource(lookup = "jms/ConnectionFactory")
private static ConnectionFactory connectionFactory;
```

2. JMS 目的地

JMS 目的地是一个消息发送和传递的目标，在 PTP 模式下，这个目的地称为队列，在 Pub/Sub 模式下，这个目的地称为主题。Destination 接口概括了两种模式下的定义，其子接口 Queue 接口和 Topic 接口则具体定义了队列和主题。下面的语句分别采用 Queue 接口和 Topic 接口声明了目的地实例，之后注入目的地资源。

```
@Resource(lookup = "jms/Queue")
private static Queue queue;
```

```
@Resource(lookup = "jms/Topic")
private static Topic topic;
```

3. JMS 连接

JMS 连接概括了一个与消息提供者的虚拟连接，可以代表一个客户端和提供者之间的 TCP/IP 套接字。JMS 连接是一个 Connection 接口的实例，可以使用 ConnectionFactory 生成一个连接。

```
Connection connection = connectionFactory.createConnection();
```

一个连接必须在开始消费消息前调用 start 方法启动，必须在应用结束前调用 close 方法关闭，否则将导致资源不能释放。

4. JMS 会话

JMS 会话是一个生产和消费消息的单线程上下文，用 Session 接口定义，可以在程序中使用 Connection 实例生成，具体语句为：

```
Session session = connection.createSession(true, 0);
```

5. JMS 消息生产者

JMS 消息生产者是由会话创建的对象，用于把消息发送到目的地，用 MessageProducer 接口定义，可以在程序中使用 Session 实例生成，具体语句为：

```
MessageProducer producer = session.createProducer(dest);
MessageProducer producer = session.createProducer(queue);
MessageProducer producer = session.createProducer(topic);
```

createProducer 方法的参数要求是 Destination 类型，如果取值为 null，则生成一个匿名目的地。在上面的语句中，“dest”是一个 Destination 接口的实例，“queue”是一个 Queue 接口的实例，“topic”是一个 Topic 接口的实例，分别生成具有不同目的地的 JMS 消息生产者。

当一个消息生成之后，可以使用生产者实例发送，具体语句为：

```
producer.send(message);
```

6. JMS 消息消费者

JMS 消息消费者是由会话创建的对象，用于接收发送到目的地的消息，用 MessageConsumer 接口定义，可以在程序中使用 Session 实例生成，具体语句为：

```
MessageConsumer consumer = session.createConsumer(dest);
MessageConsumer consumer = session.createConsumer(queue);
MessageConsumer consumer = session.createConsumer(topic);
```

其中的“dest”、“queue”和“topic”的语义与前述内容相同。

消息消费者被生成后即刻成为活跃态，可以立即用于接收消息，具体语句为：

```
Message m = consumer.receive();
```

如果要停止接收消息，则调用 close 方法；如果需要再次启动接收消息时，则调用 start 方法。MessageConsumer 实例只能同步接收消息，异步接收消息要采用 JMS 消息监听器。

7. JMS 消息监听器

JMS 消息监听器是用于处理异步消息事件的对象，这个对象是实现了 MessageListener 接口，并且给出 onMessage 方法的实现的对象。onMessage 方法的实现定义了接收消息的具体操作。消息监听器可以处理异步 PTP 的消息服务和异步 Pub/Sub 的消息服务。这里所说的消息监听器与第 4 章所讲述的消息驱动 Bean 中用到的消息监听器是相同的。

需要使用 setMessageListener 方法在一个 MessageConsumer 实例上注册消息监听器，例如，已经在一个名为 Listener 的类上实现了 MessageListener 接口，可以用如下所示的语句注册消息监听器。

```
MessageConsumer consumer = session.createConsumer(queue);
Listener myListener = new Listener();
consumer.setMessageListener(myListener);
```

当完成消息监听器注册后，只要调用了 Connection 实例的 start 方法，消息监听器就开始监听消息，消息提供者将通过向消息消费者发送消息而实现自动调用 onMessage 方法。

8. JMS 消息

JMS 应用的最终目的是生产和消费消息，JMS 消息由三部分构成：消息头、属性和消息体，消息头是必须有的。

消息头中预设了 10 个域，包括消息标识、消息目的地等内容；属性主要用来进一步说明消息头中的内容；消息体则是消息的具体内容。JMS API 定义了 5 种消息格式，称为消息类型，用于以不同的方式发送和接收数据。

JMS API 中用 6 个接口定义消息：Message、BytesMessage、MapMessage、ObjectMessage、StreamMessage、TextMessage。其中 Message 是其他 5 个接口的父接口，另外 5 个子接口则分别定义了 5 种格式的具体消息：

- 字节型消息
- 映射型消息
- 对象型消息
- 流型消息
- 文本型消息

JMS API 定义了不同的方法生成不同类型的消息，下面的语句可以生成并发送文本消息。

```
TextMessage message = session.createTextMessage();
message.setText(msg_text);
    // msg_text is a String
producer.send(message);
```

在接收消息时，是以一般类型的消息 Message 对象接收的，应根据消息类型采用不同的方法提取信息，程序清单 8.1 所示的代码就是用来提取文本消息的。

程序清单 8.1

```
Message m = consumer.receive();
if (m instanceof TextMessage) {
TextMessage message = (TextMessage) m;
System.out.println("Reading message: " + message.getText());
} else {
    // Handle some error
}
```

9. JMS 队列浏览器

可以生成队列浏览器查看队列中的消息，队列浏览器用 QueueBrowser 接口定义。队列浏览器可以查看尚处于队列中没有被消费的消息，显示每个消息头中的内容。可以在程序中使用 Session 实例生成队列浏览器，具体语句为：

```
QueueBrowser browser = session.createBrowser(queue);
```

对于 Topic 中的消息，JMS API 没有提供查看机制。实际上 Pub/Sub 的消息服务所发布到 Topic 中的消息经常在出现的同时就消失了，因为如果没有消费者消费，提供者会立即删除，所以没有必要查看。

10. JMS 异常处理

JMS API 中定义了多种异常类描述 Java 消息服务中出现的异常事件类，JMSException 是其中的根类。JMS 异常处理的过程与普通异常处理相似。

8.1.3 JMS 消息发送和接收实例

下面给出一个实现同步和利用消息监听器异步接收文本消息的实例。实例由 4 个 Java 语言程序类组成：Producer.java 是消息的发送方，即生产者；SynchConsumer.java 是消息的同步接收方；AsynchConsumer.java 是消息的异步接收方；TextListener.java 类中定义了消息监听器实现，在异步接收方类中使用。前 3 个程序通过 Application 程序形式实现。

Producer.java 的代码如程序清单 8.2 所示。

程序清单 8.2

```
import javax.jms.ConnectionFactory;
import javax.jms.Destination;
import javax.jms.Queue;
import javax.jms.Topic;
import javax.jms.Connection;
import javax.jms.Session;
import javax.jms.MessageProducer;
import javax.jms.TextMessage;
import javax.jms.JMSException;
import javax.annotation.Resource;

public class Producer {
    @Resource(lookup = "jms/ConnectionFactory")
    private static ConnectionFactory connectionFactory;
    @Resource(lookup = "jms/Queue")
    private static Queue queue;
    @Resource(lookup = "jms/Topic")
    private static Topic topic;

    public static void main(String[] args) {
        final int NUM_MSGS;
```

```
Connection connection = null;
if ((args.length < 1) || (args.length > 2)) {
    System.err.println(
            "Program takes one or two arguments: "
            + "<dest_type> [<number-of-messages>]");
    System.exit(1);
}
String destType = args[0];
System.out.println("Destination type is " + destType);

if (!(destType.equals("queue") || destType.equals("topic"))) {
    System.err.println("Argument must be \"queue\" or " + "\"topic\"");
    System.exit(1);
}

if (args.length == 2) {
    NUM_MSGS = (new Integer(args[1])).intValue();
} else {
    NUM_MSGS = 1;
}

Destination dest = null;

try {
    if (destType.equals("queue")) {
        dest = (Destination) queue;
    } else {
        dest = (Destination) topic;
    }
} catch (Exception e) {
    System.err.println("Error setting destination: " + e.toString());
    e.printStackTrace();
    System.exit(1);
}

try {
    connection = connectionFactory.createConnection();
    Session session = connection.createSession(
                false,
                Session.AUTO_ACKNOWLEDGE);

    MessageProducer producer = session.createProducer(dest);
    TextMessage message = session.createTextMessage();

    for (int i = 0; i < NUM_MSGS; i++) {
        message.setText(
                "This is message " + (i + 1) + " from producer");
```

```
                System.out.println("Sending message: " + message.getText());
                producer.send(message);
            }

            producer.send(session.createMessage());
        } catch (JMSException e) {
            System.err.println("Exception occurred: " + e.toString());
        } finally {
            if (connection != null) {
                try {
                    connection.close();
                } catch (JMSException e) {
                }
            }
        }
    }
}
```

SynchConsumer.java 的代码如程序清单 8.3 所示。

程序清单 8.3

```
import javax.jms.ConnectionFactory;
import javax.jms.Destination;
import javax.jms.Queue;
import javax.jms.Topic;
import javax.jms.Connection;
import javax.jms.Session;
import javax.jms.MessageConsumer;
import javax.jms.Message;
import javax.jms.TextMessage;
import javax.jms.JMSException;
import javax.annotation.Resource;

public class SynchConsumer {
    @Resource(lookup = "jms/ConnectionFactory")
    private static ConnectionFactory connectionFactory;
    @Resource(lookup = "jms/Queue")
    private static Queue queue;
    @Resource(lookup = "jms/Topic")
    private static Topic topic;

    public static void main(String[] args) {
        String destType = null;
        Connection connection = null;
        Session session = null;
        Destination dest = null;
```

```
MessageConsumer consumer = null;
TextMessage message = null;

if (args.length != 1) {
    System.err.println("Program takes one argument: <dest_type>");
    System.exit(1);
}

destType = args[0];
System.out.println("Destination type is " + destType);

if (!(destType.equals("queue") || destType.equals("topic"))) {
    System.err.println("Argument must be \"queue\" or \"topic\"");
    System.exit(1);
}

try {
    if (destType.equals("queue")) {
        dest = (Destination) queue;
    } else {
        dest = (Destination) topic;
    }
} catch (Exception e) {
    System.err.println("Error setting destination: " + e.toString());
    e.printStackTrace();
    System.exit(1);
}

try {
    connection = connectionFactory.createConnection();
    session = connection.createSession(false, Session.AUTO_ACKNOWLEDGE);
    consumer = session.createConsumer(dest);
    connection.start();

    while (true) {
        Message m = consumer.receive(1);
        if (m != null) {
            if (m instanceof TextMessage) {
                message = (TextMessage) m;
                System.out.println(
                        "Reading message: " + message.getText());
            } else {
                break;
            }
        }
    }
} catch (JMSException e) {
```

```
                System.err.println("Exception occurred: " + e.toString());
            } finally {
                if (connection != null) {
                    try {
                        connection.close();
                    } catch (JMSException e) {
                    }
                }
            }
        }
    }
```

AsynchConsumer.java 的代码如程序清单 8.4 所示。

程序清单 8.4

```
import javax.jms.ConnectionFactory;
import javax.jms.Destination;
import javax.jms.Queue;
import javax.jms.Topic;
import javax.jms.Connection;
import javax.jms.Session;
import javax.jms.MessageConsumer;
import javax.jms.TextMessage;
import javax.jms.JMSException;
import javax.annotation.Resource;
import java.io.InputStreamReader;
import java.io.IOException;

public class AsynchConsumer {
    @Resource(lookup = "jms/ConnectionFactory")
    private static ConnectionFactory connectionFactory;
    @Resource(lookup = "jms/Queue")
    private static Queue queue;
    @Resource(lookup = "jms/Topic")
    private static Topic topic;

    public static void main(String[] args) {
        String destType = null;
        Connection connection = null;
        Session session = null;
        Destination dest = null;
        MessageConsumer consumer = null;
        TextListener listener = null;
        TextMessage message = null;
        InputStreamReader inputStreamReader = null;
        char answer = '\0';
```

```
if (args.length != 1) {
    System.err.println("Program takes one argument: <dest_type>");
    System.exit(1);
}

destType = args[0];
System.out.println("Destination type is " + destType);

if (!(destType.equals("queue") || destType.equals("topic"))) {
    System.err.println("Argument must be \"queue\" or \"topic\"");
    System.exit(1);
}

try {
    if (destType.equals("queue")) {
        dest = (Destination) queue;
    } else {
        dest = (Destination) topic;
    }
} catch (Exception e) {
    System.err.println("Error setting destination: " + e.toString());
    e.printStackTrace();
    System.exit(1);
}

try {
    connection = connectionFactory.createConnection();
    session = connection.createSession(false, Session.AUTO_ACKNOWLEDGE);
    consumer = session.createConsumer(dest);
    listener = new TextListener();
    consumer.setMessageListener(listener);
    connection.start();
    System.out.println(
            "To end program, type Q or q, " + "then <return>");
    inputStreamReader = new InputStreamReader(System.in);

    while (!((answer == 'q') || (answer == 'Q'))) {
        try {
            answer = (char) inputStreamReader.read();
        } catch (IOException e) {
            System.err.println("I/O exception: " + e.toString());
        }
    }
} catch (JMSException e) {
    System.err.println("Exception occurred: " + e.toString());
} finally {
```

```
                if (connection != null) {
                    try {
                        connection.close();
                    } catch (JMSException e) {
                    }
                }
            }
        }
    }
```

TextListener.java 的代码如程序清单 8.5 所示。

程序清单 8.5

```
    import javax.jms.MessageListener;
    import javax.jms.Message;
    import javax.jms.TextMessage;
    import javax.jms.JMSException;

    public class TextListener implements MessageListener {

        public void onMessage(Message message) {
            TextMessage msg = null;

            try {
                if (message instanceof TextMessage) {
                    msg = (TextMessage) message;
                    System.out.println("Reading message: " + msg.getText());
                } else {
                    System.err.println("Message is not a TextMessage");
                }
            } catch (JMSException e) {
                System.err.println("JMSException in onMessage(): " + e.toString());
            } catch (Throwable t) {
                System.err.println("Exception in onMessage():" + t.getMessage());
            }
        }
    }
```

程序清单 8.2、程序清单 8.3、程序清单 8.4 的代码中都出现了判定目的地类型的代码:

```
    if (destType.equals("queue"))
```

然后根据目的地的类型不同，将“dest”变量赋予不同的值

```
    dest = (Destination) queue;
```

或者

```
    dest = (Destination) topic;
```

之后再进行消息客户端之间的连接，创建消息会话，创建消息的生产者、消费者，发送

消息和接收消息等操作，其结果使得程序代码既可以运行点对点方式的消息服务传递，也可以运行发布/订阅方式的消息服务传递。

8.2 Java EE 拦截器

8.2.1 拦截器的概念

1. 什么是拦截器

拦截器与 Java EE 管理的类结合使用，允许开发人员调用目标类中与方法调用结合的拦截器方法或生命周期事件。目标类即拦截器要施加作用的类。拦截器的常见用途是日志、审计或概要分析。拦截器规范是 EJB 3.2 规范和 CDI 1.1 规范的一部分，拦截器规范的最新版本是 1.2。拦截器技术可用于会话 Bean、消息驱动 Bean 和 CDI 托管 Bean 等拦截器目标类是 Bean 的场合。拦截器是动态拦截程序中某个 Action 调用的对象，可以使开发者在一个 Action 执行的前后执行一段代码，也可以在一个 Action 执行前阻止其执行。

拦截器可以以拦截器方法的形式定义在目标类中，或者定义在一个拦截器类的关联类中。拦截器类中包含其调用与目标类中的方法或生命周期事件结合的方法。拦截器类和方法或者用元数据注释定义，或者在包含拦截器和目标类的应用程序的部署描述符中定义。

2. 拦截器类

拦截器类可以用 javax.interceptor.Interceptor 元注释指定，拦截器类必须有公共的无参构造方法。

目标类可以有任何数量的关联拦截器类，拦截器类的调用顺序由拦截器类在 Interceptors 元注释中的定义顺序决定。在 Interceptors 元注释中的定义顺序的优先级要比部署描述符低，可以被部署描述符覆盖。

拦截器类可以是依赖注入的目标，当拦截器类实例被创建、使用命名关联目标类的上下文，或者在任何@PostConstruct 生命周期回调方法被调用时，依赖注入会发生。

目标类或拦截器类中的拦截器方法用元注释标注，共有 5 个，如表 8.1 所示。

表 8.1　定义拦截器方法所用的元注释

级 联 操 作	操 作 说 明
javax.interceptor.AroundConstruct	将该方法指定为在构造目标类后接收回调的拦截器方法
javax.interceptor.AroundInvoke	将该方法指定为拦截器方法
javax.interceptor.AroundTimeout	将该方法指定为对企业 Bean 计时器的超时方法进行插入的超时拦截器
javax.annotation.PostConstruct	将该方法指定为 PostConstruct 生命周期事件的拦截器方法
javax.annotation.PreDestroy	将该方法指定为 PreDestroy 生命周期事件的拦截器方法

3. 拦截器类的生命周期

拦截器类有与目标类相同的生命周期，当目标类实例生成时，在其中声明的每个拦截器类都生成实例。在任何@PostConstruct 回调被调用之前，所有的拦截器类实例和目标类实例都出现了；在目标类实例和拦截器类实例被毁掉之前，任何@PreDestroy 回调都可以被调用。

8.2.2 使用拦截器

可以使用表 8.1 中的元注释在目标类或专门的拦截器类中定义拦截器方法，下面的代码演示了在一个无状态会话 Bean 类中定义拦截器方法的实例，此时这个无状态会话 Bean 类也是目标类。

```
@Stateless
public class TimerBean {
    ...
    @Schedule(minute="*/1", hour="*")
    public void automaticTimerMethod() { ... }
    @AroundTimeout
    public void timeoutInterceptorMethod(InvocationContext ctx) { ... }
    ...
}
```

1. 拦截器类的声明与多重方法拦截器

如果使用拦截器类，则要使用 javax.interceptor.Interceptors 元注释声明目标类的一个或多个拦截器。声明的方式可以是类级的，也可以是方法级的。类级声明时，元注释要置于目标类的类头：

```
@Stateless
@Interceptors({PrimaryInterceptor.class, SecondaryInterceptor.class})
public class OrderBean { ... }
```

方法级声明时，元注释要置于每个方法的方法头，声明方法级拦截器类：

```
@Stateless
public class OrderBean {
    ...
    @Interceptors(OrderInterceptor.class)
    public void placeOrder(Order order) { ... }
    ...
}
```

元注释@Interceptors 后面圆括号中的类名即为拦截器类。

使用这种方式声明拦截器类时，@Interceptors 元注释中如果声明了多个拦截器类，则是声明了多重方法拦截器，也称为拦截器链。拦截器类在@Interceptors 元注释中出现的顺序决定了各个拦截器类的调用顺序。

多重方法拦截器也可以通过部署描述符定义，拦截器类在部署描述符中的顺序决定了各个拦截器类的调用顺序。下面就是一段部署描述符。

```
...
<interceptor-binding>
    <target-name>myapp.OrderBean</target-name>
    <interceptor-class>myapp.PrimaryInterceptor.class</interceptor-class>
    <interceptor-class>myapp.SecondaryInterceptor.class</interceptor-class>
    <interceptor-class>myapp.LastInterceptor.class</interceptor-class>
    <method-name>updateInfo</method-name>
</interceptor-binding>
```

```
    ...
```

在拦截器链中明确地传递控制给下一个拦截器，需要调用 InvocationContext.proceed 方法。同一个 InvocationContext 实例作为输入参数传递给某个特定目标方法的拦截器链中的每个拦截器方法，InvocationContext 实例的 contextData 属性用来在拦截器方法间传递数据，这个属性是一个 java.util.Map<String, Object>对象，存储在 contextData 中的数据对于沿着拦截器链的拦截器方法是可访问的，从而实现拦截器之间共享数据。但对于不同的目标方法，存储在 contextData 中的数据不是共享的，对于目标类中的每个方法的调用，将有可能生成不同的 InvocationContext 对象。

2. around-invoke 拦截器方法调用

使用@AroundInvoke 元注释来指定托管对象方法就是 around-invoke 拦截器方法。每个类只允许定义一个@AroundInvoke 方法。调用@AroundInvoke 的方法有以下的形式：

```
@AroundInvoke
visibility Object method-name(InvocationContext) throws Exception { ... }
```

例如

```
@AroundInvoke
public void interceptOrder(InvocationContext ctx) { ... }
```

around-invoke 拦截器方法可以有 public、private、protected 或包一级访问权限，但不能声明为 static 或 final。

around-invoke 拦截器可以调用目标方法所能够调用的任何组件或资源，这些组件或资源可以具有与目标方法相同的安全性和事务上下文，并且可以在相同的 Java 虚拟机调用堆栈中作为目标方法运行。around-invoke 拦截器方法能抛出任何目标方法的 throws 子句允许抛出的异常，它们也可以捕获和阻止异常，之后通过调用 InvocationContext.proceed 方法恢复。

3. 生命周期回调事件拦截器

生命周期回调事件拦截器可以定义在目标类或拦截器类中，这种拦截器包括 3 种，分别对应 3 个拦截器方法所用的元注释。

around-construct 对应于@AroundConstruct 元注释，用于将方法指定为在调用目标类的构造方法时插入的拦截器方法。

post-construct 对应于@PostConstruct 元注释，用于将方法指定为 PostConstruct 生命周期事件拦截器。

pre-destroy 对应于@PreDestroy 元注释，用于将方法指定为 PreDestroy 生命周期事件拦截器。

在目标类上定义生命周期事件拦截器的形式为：

```
void method-name() { ... }
```

例如

```
@PostConstruct
void initialize() { ... }
```

在拦截器类中定义生命周期事件拦截器为：

```
void method-name(InvocationContext) { ... }
```

例如

```
@PreDestroy
```

```
void cleanup(InvocationContext ctx) { ... }
```

生命周期拦截器方法可以有 public、private、protected 或包一级访问权限，但不能声明为 static 或 final。生命周期拦截器可能抛出运行时异常，但不能抛出受控异常。每个类只允许有每个生命周期事件（PostConstruct 和 PreDestroy）的一个拦截器方法。

@AroundConstruct 方法被插入到目标类的构造方法的调用中，以@AroundConstruct 修饰的方法只能在拦截器类或拦截器类的父类中定义，不能在目标类中定义。在与目标类关联的所有拦截器完成依赖注入后，@AroundConstruct 方法才会被调用。目标类被创建，目标类的构造方法注入是在所有相关的@AroundConstruct 方法调用之后执行的。目标类的依赖注入完成的，任何@PostConstruct 回调方法才会被调用。

4. aroundtimeout 拦截器方法

这个元注释标定的方法用于拦截 Timeout 事件。

EJB timer 服务的 timeout 方法的拦截器可以用@AroundTimeout 元注释在目标类或拦截器类的方法上定义，每个类中只允许有一个@AroundTimeout 方法。Timeout 拦截器为：

```
Object method-name(InvocationContext) throws Exception { ... }
```

例如

```
@AroundTimeout
protected void timeoutInterceptorMethod(InvocationContext ctx) { ... }
```

Timeout 拦截器可以有 public、private、protected 或包一级访问权限，但不能声明为 static 或 final。Timeout 拦截器能够访问任何目标 timeout 方法能够访问的组件或资源，与目标方法有相同的安全性和事务上下文。Timeout 拦截器可以通过 InvocationContext 实例的 getTimer 方法访问与目标 timeout 方法有联系的 timer 对象。

5. 绑定拦截器到组件

拦截器绑定类型是可以应用于组件的注释，可以将它们与特定的拦截器相关联。拦截器绑定类型通常是指定拦截器目标的自定义运行时的注释类型。在自定义注释定义上使用 javax.interceptor 包中所定义的 InterceptorBinding 元注释，并且使用@Target 指定目标，设置一个或多个类（类级别的拦截器）、方法（方法级拦截器）、构造方法（构造拦截器）或任何其他有效目标类，如：

```
@InterceptorBinding
@Target({TYPE, METHOD})
@Retention(RUNTIME)
@Inherited
pubic @interface Logged { ... }
```

拦截器绑定类型也可以应用于其他拦截器绑定类型，如：

```
@Logged
@InterceptorBinding
@Target({TYPE, METHOD})
@Retention(RUNTIME)
@Inherited
public @interface Secured { ... }
```

将拦截器绑定类型注释添加到目标组件的类、方法或构造方法中。拦截器绑定类型使用与@Interceptor 注释相同的规则，如：

```
@Logged
public class Message {
    ...
    @Secured
    public void getConfidentialMessage() { ... }
    ...
}
```

如果组件有一个类级别的拦截器绑定，则它就不能是最终的或有任何非静态的、非私有的方法。如果一个非静态的、非私有的方法有一个用于它的拦截器绑定，那么它就不能是最终的，并且组件类不能是最终的。

本章涉及的 API：

javax.jms 包中与消息服务有关的接口和类及异常类；

javax.interceptor 包中与拦截器有关的接口和类及元注释。

附录A　Java持久性查询语言语法的Backus-Naur Form表述

1. BNF符号说明

符　号	说　明
::=	符号左侧的元素由符号右侧的构成定义
*	前面的构成可以发生0次或多次
{...}	花括号中的构成被归为一类
[...]	方括号中的构成是可选的
|	或运算
BOLDFACE	大写印刷的，关键字
White space	空白符号，可以是空格符、Tab符或换行符

2. Java持久性查询语言的BNF语法

```
QL_statement ::= select_statement | update_statement | delete_statement
select_statement ::= select_clause from_clause [where_clause] [groupby_
clause]
    [having_clause] [orderby_clause]
update_statement ::= update_clause [where_clause]
delete_statement ::= delete_clause [where_clause]

from_clause ::=
    FROM identification_variable_declaration
        {, {identification_variable_declaration |
            collection_member_declaration}}*
identification_variable_declaration ::=
        range_variable_declaration { join | fetch_join }*
range_variable_declaration ::= abstract_schema_name [AS]
        identification_variable
join ::= join_spec join_association_path_expression [AS]
        identification_variable
fetch_join ::= join_specFETCH join_association_path_expression
association_path_expression ::=
        collection_valued_path_expression |
        single_valued_association_path_expression
join_spec::= [LEFT [OUTER] |INNER] JOIN
join_association_path_expression ::=
        join_collection_valued_path_expression |
        join_single_valued_association_path_expression
join_collection_valued_path_expression::=
```

```
   identification_variable.collection_valued_association_field
join_single_valued_association_path_expression::=
       identification_variable.single_valued_association_field
collection_member_declaration ::=
       IN (collection_valued_path_expression) [AS]
       identification_variable
single_valued_path_expression ::=
       state_field_path_expression |
       single_valued_association_path_expression
state_field_path_expression ::=
   {identification_variable |
   single_valued_association_path_expression}.state_field
single_valued_association_path_expression ::=
   identification_variable.{single_valued_association_field.}*
   single_valued_association_field
collection_valued_path_expression ::=
   identification_variable.{single_valued_association_field.}*
   collection_valued_association_field
state_field ::=
   {embedded_class_state_field.}*simple_state_field

update_clause ::=UPDATE abstract_schema_name [[AS]
   identification_variable] SET update_item {, update_item}*
update_item ::= [identification_variable.]{state_field |
   single_valued_association_field} = new_value
new_value ::=
   simple_arithmetic_expression |
   string_primary |
   datetime_primary |
   boolean_primary |
   enum_primary simple_entity_expression |
   NULL

delete_clause ::= DELETE FROM abstract_schema_name [[AS]
   identification_variable]

select_clause ::= SELECT [DISTINCT] select_expression {,
   select_expression}*
select_expression ::=
   single_valued_path_expression |
   aggregate_expression |
   identification_variable |
   OBJECT(identification_variable) |
   constructor_expression
constructor_expression ::=
   NEW constructor_name(constructor_item {,
   constructor_item}*)
```

```
constructor_item ::= single_valued_path_expression |
    aggregate_expression
aggregate_expression ::=
    {AVG |MAX |MIN |SUM} ([DISTINCT]
        state_field_path_expression) |
    COUNT ([DISTINCT] identification_variable |
        state_field_path_expression |
        single_valued_association_path_expression)

where_clause ::= WHERE conditional_expression

groupby_clause ::= GROUP BY groupby_item {, groupby_item}*
groupby_item ::= single_valued_path_expression

having_clause ::= HAVING conditional_expression

orderby_clause ::= ORDER BY orderby_item {, orderby_item}*
orderby_item ::= state_field_path_expression [ASC |DESC]
subquery ::= simple_select_clause subquery_from_clause
    [where_clause] [groupby_clause] [having_clause]

subquery_from_clause ::=
    FROM subselect_identification_variable_declaration
        {, subselect_identification_variable_declaration}*
subselect_identification_variable_declaration ::=
    identification_variable_declaration |
    association_path_expression [AS] identification_variable |
    collection_member_declaration
simple_select_clause ::= SELECT [DISTINCT]
    simple_select_expression
simple_select_expression::=
    single_valued_path_expression |
    aggregate_expression |
    identification_variable
conditional_expression ::= conditional_term |
    conditional_expression OR conditional_term
conditional_term ::= conditional_factor | conditional_term AND
    conditional_factor
conditional_factor ::= [NOT] conditional_primary
conditional_primary ::= simple_cond_expression |(
    conditional_expression)
simple_cond_expression ::=
    comparison_expression |
    between_expression |
    like_expression |
    in_expression |
    null_comparison_expression |
```

```
    empty_collection_comparison_expression |
    collection_member_expression |
    exists_expression
between_expression ::=
    arithmetic_expression [NOT] BETWEEN
        arithmetic_expressionAND arithmetic_expression |
    string_expression [NOT] BETWEEN string_expression AND
        string_expression |
    datetime_expression [NOT] BETWEEN
        datetime_expression AND datetime_expression
in_expression ::=
    state_field_path_expression [NOT] IN (in_item {, in_item}*
    | subquery)
in_item ::= literal | input_parameter
like_expression ::=
    string_expression [NOT] LIKE pattern_value [ESCAPE
        escape_character]
null_comparison_expression ::=
    {single_valued_path_expression | input_parameter} IS [NOT]
        NULL
empty_collection_comparison_expression ::=
    collection_valued_path_expression IS [NOT] EMPTY
collection_member_expression ::= entity_expression
    [NOT] MEMBER [OF] collection_valued_path_expression
exists_expression::= [NOT] EXISTS (subquery)
all_or_any_expression ::= {ALL |ANY |SOME} (subquery)
comparison_expression ::=
    string_expression comparison_operator {string_expression |
    all_or_any_expression} |
    boolean_expression {= |<> } {boolean_expression |
    all_or_any_expression} |
    enum_expression {= |<> } {enum_expression |
    all_or_any_expression} |
    datetime_expression comparison_operator
        {datetime_expression | all_or_any_expression} |
    entity_expression {= |<> } {entity_expression |
    all_or_any_expression} |
    arithmetic_expression comparison_operator
        {arithmetic_expression | all_or_any_expression}
comparison_operator ::= = |> |>= |< |<= |<>
arithmetic_expression ::= simple_arithmetic_expression |
    (subquery)
simple_arithmetic_expression ::=
    arithmetic_term | simple_arithmetic_expression {+ |- }
        arithmetic_term
arithmetic_term ::= arithmetic_factor | arithmetic_term {* |/ }
    arithmetic_factor
```

```
arithmetic_factor ::= [{+ |- }] arithmetic_primary
arithmetic_primary ::=
    state_field_path_expression |
    numeric_literal |
    (simple_arithmetic_expression) |
    input_parameter |
    functions_returning_numerics |
    aggregate_expression
string_expression ::= string_primary | (subquery)
string_primary ::=
    state_field_path_expression |
    string_literal |
    input_parameter |
    functions_returning_strings |
    aggregate_expression
datetime_expression ::= datetime_primary | (subquery)
datetime_primary ::=
    state_field_path_expression |
    input_parameter |
    functions_returning_datetime |
    aggregate_expression
boolean_expression ::= boolean_primary | (subquery)
boolean_primary ::=
    state_field_path_expression |
    boolean_literal |
    input_parameter
enum_expression ::= enum_primary | (subquery)
enum_primary ::=
    state_field_path_expression |
    enum_literal |
    input_parameter
entity_expression ::=
    single_valued_association_path_expression |
        simple_entity_expression
simple_entity_expression ::=
    identification_variable |
    input_parameter
functions_returning_numerics::=
    LENGTH(string_primary) |
    LOCATE(string_primary, string_primary[,
        simple_arithmetic_expression]) |
    ABS(simple_arithmetic_expression) |
    SQRT(simple_arithmetic_expression) |
    MOD(simple_arithmetic_expression,
        simple_arithmetic_expression) |
    SIZE(collection_valued_path_expression)
functions_returning_datetime ::=
```

```
        CURRENT_DATE |
        CURRENT_TIME |
        CURRENT_TIMESTAMP
    functions_returning_strings ::=
        CONCAT(string_primary, string_primary) |
        SUBSTRING(string_primary,
            simple_arithmetic_expression,
            simple_arithmetic_expression)|
        TRIM([[trim_specification] [trim_character] FROM]
            string_primary) |
        LOWER(string_primary) |
        UPPER(string_primary)
    trim_specification ::= LEADING | TRAILING | BOTH
```

参 考 文 献

[1] The Java EE 5 Tutorial. SunMicrosystems, Inc. 2008.

[2] The Java EE 6 Tutorial. Oracle. 2011.

[3] The Java EE 7 Tutorial. Oracle. 2014.

[4] 李刚. 经典 Java EE 企业应用实战[M]. 北京：电子工业出版社, 2010.

[5] Jim Keogh. J2EE 参考大全[M]. 宁建平, 梁超, 英宇, 等译. 北京：电子工业出版社, 2003.

[6] 何宗霖, 等. 零基础学 Java Web 开发[M]. 北京：机械工业出版社, 2010.

[7] 李华飚, 等. Java 中间件技术及其应用开发[M]. 北京：中国水利水电出版社, 2007.

[8] 李绪成, 滕英岩, 闫海珍. Java EE 5 实用教程[M]. 北京：电子工业出版社, 2007.

[9] 栗松涛. Java EJB 应用程序设计[M]. 北京：机械工业出版社, 2008.